U0504832

梁昌军 编著

农民致富实用手册

NONGMIN ZHIFU SHIYONG SHOUCE

微信扫一扫

加入农村致富圈,与10万农民朋友

分享交流农村致富经

全国百佳图书出版单位

APCTIME 时代出版传媒股份有限公司

安徽人民出版社

图书在版编目(CIP)数据

农民致富实用手册/梁昌军编著.—合肥:安徽人民出版社,2015.3

ISBN 978-7-212-07987-1

Ⅰ.①农… Ⅱ.①梁… Ⅲ.①农业技术—手册 Ⅳ.①S-62

中国版本图书馆 CIP 数据核字(2015)第 057092 号

农民致富实用手册

梁昌军 编著

出 版 人:徐 敏   责任印制:董 亮

责任编辑:肖 琴 李 莉   装帧设计:宋文岚

出版发行:时代出版传媒股份有限公司 http://www.press-mart.com
        安徽人民出版社 http://www.ahpeople.com

地　　址:合肥市政务文化新区翡翠路 1118 号出版传媒广场八楼　邮编:230071

电　　话:0551—63533258 0551—63533292(传真)

印　　刷:合肥现代印务有限公司

开本:710mm×1010mm   1/16   印张:13   字数:200 千
版次:2015 年 3 月第 1 版   2019 年 10 月第 13 次印刷

ISBN 978-7-212-07987-1   定价:25.80 元

目 录

第 一 章

农民种植业致富指南

一、粮食作物种植

粮食作物是谷类作物(包括稻谷、小麦、大麦、燕麦、玉米、谷子、高粱等)、薯类作物(包括甘薯、马铃薯、木薯等)、豆类作物(包括大豆、蚕豆、豌豆、绿豆、小豆等)的统称。亦可称食用作物。其产品含有淀粉、蛋白质、脂肪及维生素等。栽培粮食作物不仅为人类提供食粮和某些副食品,以维持生命的需要,并为食品工业提供原料,为畜牧业提供精饲料和大部分粗饲料,故粮食生产是多数国家农业的基础。种植粮食,本是农民的任务和职责,几千年来,农民已积累了丰富的种植经验。因此,农民朋友想种植致富,应首先考虑粮食作物。

下面将介绍一下我国农村常见的几种粮食作物种植技术。

(一)水稻的栽培技术

水稻是人们日常生活中相当重要的食物和能量来源,世界上近一半人口,包括几乎整个东亚和东南亚的人口,都以稻米为食。水稻为重要的粮食作物,除可供食用外,还可制作淀粉、酿酒、制醋,米糠可制糖、榨油、提取糠醛,供工业及医药用;另外,稻秆还是良好的饲料、造纸原料和编织材料,谷芽和稻根还可供药用。

我国自然地理环境不同,水稻种植季节及栽培技术也各地不同。按照纬度差异及种植地域划分,我国就有单季稻、双季稻和三季稻等之分。按栽培方法的不同,水稻亦可以分为籼稻和粳稻、早稻和中晚稻、糯稻和非糯稻等。

1. 早稻的高产高效栽培

实现早稻高产高效栽培是广大农民朋友多年的愿望,也是水稻栽培技术的一项重大创新。早稻高产高效栽培的主要技术与管理方法如下:

(1)培育壮秧。培育壮秧是早稻高产的基础。用于栽培早稻的秧田,3月底4月初就应播种。播种前选晴天翻晒种子,用稀释药剂间歇浸种。种子处理可有效防治稻瘟病、白叶枯病等种子带菌病害。一般催芽播种,播完种后要采用普通农膜覆盖育秧,注意做好防大风、防积水、防高温的

"三防"工作。接着就要向秧田施基面肥,并做好秧田的水浆管理。

（2）合理密植。优良的群体是水稻高产的必备条件,落田苗是群体发展的起点,自始至终影响本田期群体的发展。穗形大或分蘖力强的品种、肥力高的田块,落田苗少些,反之基本苗多些。插植的行向确定也要因地制宜:东西行向受光好;但从通风透光来看,如果夏季多东南风,则以南北行向为好。

（3）合理施肥。科学施肥可以适时适量地提供水稻生长发育所必需的养分,是早稻高产的关键性技术之一。根据各种土壤的供肥特性和早稻生长发育对肥料的需求,确定氮、磷、钾肥的施用数量以及不同时期的施肥比例是高产栽培中必须妥善解决的问题。施肥原则是做到基肥足、蘖肥早、穗肥巧,以达到前期促蘖争足穗、中期壮株孕大穗、后期保粒增重。

（4）科学管水。水稻的生长、发育离不开水。在水稻高产栽培中,合理的水浆管理措施是与肥料运筹并驾齐驱的两大重要栽培措施。早稻前期应浅水促分蘖,亩苗数达计划穗数的80%左右时排水搁田,孕穗期复水后浅水勤灌,提高根系活力,避免断水过早,提高穗茎部籽粒充实度。中期要适时适度烤搁田。抛秧、直播田块,应挖通丰产沟,采取多次烤搁田,控制群体,提高成穗率,严防倒伏。后期干干湿湿,以湿为主,养根保叶增加籽粒重,防止断水过早引起早衰。

2. 中晚稻的高产高效栽培

中晚稻一般都是杂交稻,包括中晚籼稻和粳稻。中晚稻在全年粮食生产中占有重要地位,相比于早稻,中晚稻的栽种面积更大、产量更高、亩产更多,是农民朋友栽种粮食作物的重点。要想达到中晚稻的高产高效,在栽培时应掌握以下技术要点:

（1）培育壮秧。单季稻栽培的播期视当地气温条件和前作确定;连作晚稻的播期主要根据早稻的收割期和所选用晚稻组合的生育期、光温敏感性、安全齐穗期、秧龄弹性等确定。如山区的单季稻一般5月初播种,采取半旱稀播育秧;平原地区单季稻的播种期一般为5月底至6月初,视大田的前茬收获时间确定秧龄和移栽时间。采用稀播是培育壮秧的关键。秧龄长时播稀一些,反之则密一些。播前用药液浸种,或用药液喷施。苗床基肥应控制氮肥施用,增施磷、钾肥。育秧期以湿润灌溉为主,防止秧苗窜高旺长。出苗后还应删密补稀,并合理施肥。育秧期

应做好稻螟蛉、稻飞虱、稻蓟马等虫害的防治工作。

(2)合理密植。优质群体的培育是水稻高产的必备条件,合理密植确定了群体的起点,将影响水稻本田期群体的发展动态,因此非常重要。适时早栽是中晚稻高产栽培的另一个关键,尤其是对于连作晚稻更加重要。早栽可以使秧龄相应缩短,也使本田营养生长期增长,有利于本田期发棵和营养生长。

(3)精量施肥。秧、密、水、肥是杂交水稻高产栽培的最主要技术环节。栽培试验证明,高产栽培中单季稻和晚稻的需肥量较大。为了提高施肥效率和减少对环境的污染,强调精量施肥和减少单质肥料的施用,提倡施用复合肥、有机肥和水稻专用肥。

(4)水调群体。水稻是湿生作物,水稻的生长、发育离不开水,高产栽培更离不开水。中晚稻群体质量的优劣与水浆管理的好坏息息相关。因此,科学的水浆管理技术应贯穿于培育壮秧、栽插、分蘖期、拔节、孕穗期、齐穗期、成熟期各个阶段,科学管水,才能保证水稻的高产稳产。

3. 水稻的旱育抛秧技术

水稻的抛秧技术是采用塑料秧盘或旱育苗床,育出根部带有营养土块的秧苗,移栽时利用带土秧苗自身重力,采取人工或机械均匀地将秧苗抛撒到大田的一种水稻栽培方法。它是水稻栽培技术的一项重大改革。按育秧方式不同,水稻抛秧可分为塑盘育秧抛栽、纸筒育秧抛栽、无盘旱育秧抛栽和隔层育秧抛栽等几种,目前应用较多的是塑盘育秧抛栽。

水稻抛秧技术轻型、简便、高效。它的主要特点是多蘖增产、节本增效,并且有利于连片集中育秧,促进水稻生产的规模化经营和社会化服务,因此,深受广大农民的欢迎。水稻旱育抛秧技术操作规程如下:

(1)育秧准备。采用软盘育秧可直接根据所需秧盘数量确定秧床面积。同时应合理选种,种子质量应达到国标二级以上。播种前晒种2~3天,用清水或一定比重的盐水选种,捞出空秕粒。选好种后进行药剂浸种处理,以预防恶苗病。用清水将种子冲洗干净后准备播种。播种前要配制营养土,并选择背风向阳、近水、土质疏松肥沃的旱地作秧床。秧床地应提前施足底肥,精耕细耙,做到畦平土细、无残茬杂物。

(2)播种。播期应根据品种、茬口、秧龄、安全齐穗期等因素综合考虑。播种前秧床浇足浇透底墒水。也可采取播种覆膜后在秧床沟间引水浸灌表层土,饱墒后退水。播种可先摆盘后播种,即向摆好的秧盘孔中撒入拌过壮秧剂的营养土至孔深1/2～2/3,再用精量播种器播种,盖没有拌壮秧剂的营养土,压盘,使秧盘与床面、孔穴中营养土与种子贴实,然后刮去盘面余土,并细洒水至盘土水分饱和。也可先播种,后摆盘。播种完毕则搭小拱棚覆盖农膜,或搭扁平棚,覆以农用无纺布代替棚膜。为了保湿增温,确保苗齐苗全,在覆棚布(膜)前应在床面上覆盖超薄地膜,待秧苗立针青头时及时抽去地膜,并重新盖好棚布。

(3)秧田管理。旱育秧以旱管为主。1～2叶期床面一般不浇水,促根下扎。以后秧畦应经常保持疏松干爽。当畦面干裂,秧尖早晚无露珠、中午出现卷叶时,可用喷壶直接在布面上均匀浇洒。播种至立针、齐苗至1叶1心期、2～3叶期、3叶以后,棚内温度应科学控制调节。同时做好病虫害防治、控苗及追肥工作。

(4)抛秧。一般5月中旬开始抛冬水田等一季田,芒种前结束抛秧。抛秧密度一般应比插秧增加3%～5%。平田时结合施底肥干耕湿耙,达到田平、水浅、泥烂、肥匀、表层有泥浆、无杂物的要求。土质黏重的田块,抛秧前1～2天整地,沙质田抛秧时随整随抛。起秧时双手轻提秧盘两端,卷起装框运往本田。要根据亩抛穴数定盘(定量)抛栽。要求边退边抛,尽量垂直高抛,使秧苗根部植入泥浆。水深以及遇大风、大雨天均不宜抛秧。

(5)本田管理。基本与常规插秧相同,应因苗、因田、因时加强管理,不同之处应重点抓好以四点:

①浅水立苗。抛秧时保持田面浅水,水层不超过2厘米,抛后2～3天内一般不灌水,以利扎根,并在遇雨时要及时排水,以防漂秧。

②化学除草。秧苗扎根立苗后及时进行化学除草,并保持3～5厘米水层3～5天。

③科学施肥。重施基面肥,少施或不施促蘖肥,酌施穗肥。

④提早晒田。总茎数达到所需茎数的80%时,及时晒田控蘖。一般比手插秧提早一周晒田。

根据近年各地经验,水稻抛秧技术推广要注意几点:一防烧芽;二防串根;三防秧苗徒长;四防浮秧;五防不匀;六防除草剂药害;七防无效分蘖多;八防抛秧成熟期推迟。因此,应科学管理,做好相应的防范工作。

4. 水稻的直播技术

水稻的直播始于上世纪 90 年代,目前已成为我国水稻轻型栽培中最普遍采用的一种栽培模式。它最显著的特点是省工、节本、高产。

水稻的直播技术要点如下:

(1)品种选择。要选择植株较矮、株形紧凑、根系发达的水稻品种,否则易造成倒伏减产。

(2)播种量。播种量比育苗移栽用种多出 1 倍左右,一般每亩用种 1.5~2 千克。

(3)浸种催芽。浸种前注意当地气象预报,算好播种后有 1 周以上的晴好天气,绝对不能有大雨出现。浸种时要用能防止病虫和鼠鸟危害的药剂浸种。催芽的长度以谷粒的 0.5~1 倍为宜,否则不利匀播。

(4)播种时间。与育苗移栽相比,由于直播稻没有缓苗期,可适当推迟 7~10 天播种。

(5)分厢耕整。播种前一定要整平分厢,分厢宽度以 1.5~2 米为宜,这样也便于后期植株通风采光和日常管理。

(6)播种。播种前严格计算好每厢所需的用种量,每厢都要按量播种。为了保证播种均匀,每厢以一个来回播撒完稻种为宜。

(7)喷除草剂。播种完毕立即疏通厢沟排干水分,第二天喷水稻专用芽前除草剂。注意厢面水一定要排干,均匀足量喷药,不得马虎。播种后的管理与移栽稻苗期相同。

(8)第二次除草。从第一次喷除草剂的时间算起,约一个月,视田间杂草情况而定,当杂草开始大量出现时立即进行第二次除草,可选用水稻苗后除草剂。通过第二次除草,可保证水稻整个生育期的草害得到控制。

(9)适当间苗,查漏补缺。由于人工撒播,难免厢面稻种稀密不均,在秧苗 3 叶期前后进行适当间苗,查漏补缺。

(10)控制分蘖与防病虫。直播稻分蘖特别多,密度大,必须适当提前晒田控苗,并在分蘖末期防治一遍纹枯病,另外稻飞虱也要注意防治。

5. 水稻的地膜覆盖旱管栽培

水稻地膜覆盖旱管栽培有四大突出优点:一是有利于促进农业结构和粮食品种结构的调整。水稻地膜覆盖旱管,一方面可不受水源条件影响、扩大水稻种植面积;另一方面还可以解决纯秋旱粮地区吃米难的问题,改善农村的粮食结构。二是有利于山区农民增产增收。山区推广地膜覆盖旱管水稻,与种植秋旱粮玉米、甘薯、大豆等相比,产量可大幅度提高,效益明显增加。三是有利于提高抗灾能力。水稻采取地膜覆盖旱管技术,既不怕旱(覆盖的地膜可起到蓄水保墒作用),又不怕涝,而且植株生长老健,根系发达活力强,病虫害轻,抗倒能力增强,整体抗灾能力明显提高。四是有利于提高水资源利用率。水稻地膜覆盖旱管比水稻常规栽培可节约用水 80%以上。

水稻地膜覆盖旱管栽培技术的要点如下:

(1)选择适宜地块。宜选择有一定水源条件的山区、高亢地及地势低洼的旱作区作为地膜旱管水稻栽培地,不宜选土层浅、肥力差及盐碱重的地。

(2)选用耐旱品种。宜选用耐旱性好、分蘖能力强、生育期适中、高产潜力大的大穗型品种。

(3)培育旱育壮秧。水稻地膜覆盖旱管,必须培育出适应性强的耐旱壮秧,以利于减轻移栽植伤,缩短返青活棵时间,促进大田分蘖够苗。因此,应采用肥床旱育方式育秧,培育出秧龄 35 天左右,苗高 20~25 厘米,单株带蘖 3~4 个的旱育壮秧。

(4)控制群体起点。从试验结果看,栽插密度过低,单株分蘖成穗偏多,会造成穗层不整齐,抽穗期过长,穗粒数明显减少,后期抗倒能力下降;栽插密度过大,不仅栽插时覆膜难度增大,而且由于群体起点高,中期群体难控制,亦不利于高产。因此,必须有一个适宜的群体起点,以利足穗多粒高产。

(5)科学覆膜化除。在水稻移栽前或移栽后,选用超薄地膜对稻田进行全覆盖。地膜覆盖稻田,可起到蓄水保墒作用,以满足水稻生长发育对水分的需求。水稻地膜覆盖旱管栽培,田间杂草较多、草相比较复杂,必须及时进行药剂化除。

(6)合理运筹肥水。根据本地实践,水稻地膜覆盖旱管栽培,由于肥料利用率相应提高,因此氮肥施用量应适当控制。其中基肥施用量占施肥总量的 70%~80%,并应做到早施、深施、全层施,以防止高温肥害伤苗。在水分管理上,关键是浇好移栽活棵和抽穗扬花两次水;如有条件应尽量增加浇水次数,以确保获得更高的产量。

6. 双季稻的"双免"栽培

"双免"即指免用除草剂和免耕抛秧。水稻"双免"法具体是指收割上季水稻后,未经任何翻耕犁耙的稻田,不使用除草剂,只用水浸泡稻田的方法,实现有效的灭除田间杂草、落粒谷和稻桩于萌芽前,达到良好的除草灭茬效果,其后实现稻田免耕抛秧的一种方式。免耕抛秧成功率高,技术简单易操作,农民易于接受,减免使用除草剂免耕抛秧的选用购买药物器械、排干田水、选择晴天施药等工序,有效储备稻田用水,可以实现免耕除草灭茬工作的全天候操作。

双季稻的"双免"栽培保护性耕作技术如下:

(1)针对不同稻田除草活泥。冬泡田一般在早稻抛栽前5～7天排干稻田水层,喷洒药剂混合液进行除草防虫,选择晴天排干水后进行喷雾。3～5天后即可灌浅水施用基肥。冬季绿肥田一般在早稻抛(移)栽前15～20天,选好晴天,排干田水,先用混合药剂兑水喷粗雾于绿肥上,再将排水沟两边的泥土还原沟中。待3～5天后灌水浸泡,待泥烂时用泥浆糊好田埂,防止田埂漏水。在早稻抛(移)栽前2～3天施用基肥。

(2)平衡施用肥料。基肥的施用量,免耕比翻耕一般可减少施肥量20%左右。冬闲田和冬种作物田,施磷肥、尿素,磷肥一般与除草剂同期施用,而尿素则在抛(移)栽水稻当天施用。也可以在水稻抛(移)栽前5～7天施用复合肥。碳铵因易挥发和流失,在免耕栽培中不宜作基肥施用。早春雨水多,施肥前应排干水,施肥后塞好排水口,防止肥料流失。施用化肥后,最好再泼浇人畜粪水或沼肥。对于冬种绿肥田,基肥施用量可适当减少,注意在抛(移)栽前留浅水,施尿素加复混肥作基肥。

(3)选用品种抛栽。早稻应选择优质、高产、株型紧凑、抗倒、分蘖力较强、抗性好的中迟熟品种。育秧与抛栽时,一般采用塑料软盘(早、晚稻可共用)育秧,采取大中苗抛栽。抛栽时保持田面薄水层(1～2厘米),密度与基本苗要比翻耕田稍有增加。

(4)加强田间管理。早稻抛(移)栽秧苗返青后,灌水至泥面,用氯化钾、尿素加芽前除草剂混合撒施。整个分蘖期以湿润为主。水稻进入分蘖盛期后要求早晒田、重晒田,促根系下扎,预防倒伏。晒田复水后,应根据水稻叶色浓淡情况,追施尿素或复合肥作穗肥。如果田间有稗草,要人工拔除,防止稗草带入下季。病虫防治与常规翻耕、栽培相同。

免耕栽培抽穗、成熟期一般比常规翻耕栽培提早 2～3 天。始穗和齐穗后,可喷施叶面肥和植物生长调节剂,不仅可防止早衰、提早结实、提早成熟、增加产量,而且能改善品质,达到增产增收的目的。

(5)晚稻免耕栽培。早稻收获后,随即排干田水,让土壤保持湿润状态。一般耕作程序是先施除草剂,后施复合肥和免深耕土壤调理剂灭茬除草、活泥松土,再施用基肥、撒施稻草、抛(移)栽晚稻。如果早稻收割后遇旱,应延长淹水的时间,待表土起糊、耕层土壤融活后,才能抛(移)栽晚稻。

(二)小麦的栽培技术

由于人民生活水平的提高和食品加工的需要,小麦生产逐渐向优质专用发展。我国需要的优质专用小麦可分为三类:一类是用做面包的强筋小麦;二类是用做饼干、糕点的弱筋小麦;三类是用做面条、馒头的中筋小麦。目前国内进口比较多的是强筋小麦和弱筋小麦,而以强筋小麦进口量大。在全国,淮河以北地区都为强筋小麦适宜区和次适宜区及中筋小麦适宜区,沿淮河部分沙壤土为弱筋小麦适宜区。

1. 优质强筋小麦的栽培

强筋小麦的栽培要求在保证强筋小麦品质的基础上,提高产量和效益,达到高产优质高效的目的。其栽培技术除与普通小麦相同外,还要注意以下几方面:

(1)选用优质高产强筋小麦品种。要生产高质量的强筋小麦,首先要选择优质高产的强筋小麦品种。目前选育的优质强筋小麦品种有适合早播的半冬性品种,有适合晚播的春性、弱春性品种。

(2)科学施肥。在测土配方施肥的基础上,以底肥为主,追肥为辅。底肥以有机肥为主,化肥为辅,氮、磷、钾均衡施肥,适当补充微肥。必须保证后期有足够的氮素供应,否则影响品质。氮肥 50% 底施,50% 于春季拔节期追肥,后期有脱肥迹象可适当叶面喷施氮肥。最好使用硫酸铵和硫酸钾,它们不但是很好的氮肥和钾肥,也是很好的硫化肥,缺硫对小麦蛋白质含量和品质影响很大。

(3)精细整地。深耕细耙,足墒播种,根据品种特性适期播种和精量播种,有利于小麦生长发育和优质高产。

(4)田间管理。冬前出苗后要及时查苗补种,中耕划锄,促进根系生

长。立冬至小雪期间浇冬水,有利保苗越冬和防早春干旱,浇后墒情适宜时中耕松土保墒;春季及早中耕,提温保墒,将一般生产中的返青起身期浇水改为拔节期追肥浇水,可以提高籽粒的营养品质和加工品质;后期灌浆水要早浇,避免浇麦黄水。土壤不十分缺水一般不灌溉,土壤水分过多会降低小麦营养和加工品质。小麦开花前后以磷酸二氢钾、尿素加水叶面喷洒,可增加产量和提高品质。小麦白粉病、锈病、蚜虫等对小麦产量品质影响很大,发生时要用低毒低残留农药防治,可与叶面施肥结合进行。

(5)适期收获。收获不能太早,否则影响角质率。要单品种收割,单独脱粒单晒单贮,防止混杂,严禁水泥地上高温暴晒。

2. 优质弱筋小麦的栽培

弱筋小麦品种的品质及产量受栽培技术和环境条件影响较大,其中肥料的施用对弱筋小麦的品质和产量影响最大。因此,弱筋小麦既要保证品质,又要保证产量,其关键技术是在确定适宜种植区域、选择适宜类型品种前提下,进行科学合理的肥水运筹,抓好中后期合理灌水和田间管理,及时搞好病虫草害防治。

(1)确定适宜种植区域。根据我国品质生态区划,长江中下游麦区沿江、沿海、沿淮一带是我国的弱筋小麦优势产业带,河南省沿淮稻麦两熟区,南阳及驻马店、周口南部的部分区域为弱筋小麦较适宜区。在适宜区内,弱筋小麦适宜种植在排灌条件良好的沙性土壤或稻茬地。

(2)选择适宜类型品种。目前,农技市场上各类小麦品种良莠不齐,因此应综合比较各类品种特点,根据播种区域的自然地理条件选择适宜类型的品种进行播种。

(3)合理运用氮肥,增施磷肥,补施钾肥。近几年的试验研究结果表明,弱筋小麦生产、施肥原则上遵循控氮、增磷、补钾,采取氮肥前移,即在生产中适当减少氮肥用量,适当增加磷肥、钾肥的施用量,特别是磷肥施用量,追肥比例控制在总氮量的20%以下,并且在拔节之前追施。后期严禁追施氮肥。

(4)注意中后期合理灌水。在小麦足墒播种前提下,一般应保证小麦拔节孕穗水及灌浆水,干旱年份可浇两次灌浆水(灌浆初期和灌浆中期),保证小麦生育中后期水分供应,维持田间持水量在70%~80%。搞好病虫草害综合防治。

（5）苗期及时防治田间杂草。可在四叶期后用药剂防治阔叶杂草、单子叶杂草。年后返青至拔节期,注意田间杂草的发生,及时进行防除。

（6）防治病虫害。返青拔节期注意及时防治白粉病、锈病、叶病、蚜虫等病虫害。田间发病株率达到5%时,用喷洒农药稀释液防治白粉病、锈病,兼治纹枯病、叶枯病等。

（7）加强小麦中后期田间管理,实施全程保健。从4月上旬至5月底是多成穗、成大穗、增粒重的关键时期,这个时期的田间管理重点是防治严重危害小麦生产的"三虫四病"和预防干热风等灾害性天气。"三虫四病"即蚜虫、黏虫、吸浆虫、锈病、白粉病、纹枯病、赤霉病。弱筋小麦生产,中后期管理还应抓好以下几项关键技术措施:①严禁追施氮肥。②开展清沟排渍工作,防止渍害的发生。③落实"一喷三防"措施,开展叶面喷施微肥工作。养根护叶,促进灌浆,增加粒重,提高弱筋小麦的品质和产量。

其余整地、播种、种子处理及冬前管理技术与普通小麦相同。

3. 抗逆啤酒大麦的栽培

啤酒大麦是啤酒工业的主要原料。随着啤酒产业的不断升级和行业竞争的不断加剧,对啤酒大麦的品质要求也越来越高。目前,市场上优质抗逆啤酒大麦在农艺性状、产量、品质、抗逆性等性状方面皆优于其他品种,值得大面积推广。

优质啤酒大麦的栽培技术要点如下:

（1）选地整平。啤酒大麦对土壤适应性较强,沙土、黏土、壤土均可种植,应选择排水良好、肥力中下等、pH 6～8.5的地块。要对选好的地块进行深翻、灌溉、施肥和土壤灭虫处理,做到地平墒好、肥力充足。

（2）精心选种,适时播种。选用优质高产和抗（耐）病性强的啤酒大麦品种,播种前用药液拌种处理,适时适量播种。啤酒大麦的病害有根腐病、黑穗病等,在拌种过程中就能有效防治。害虫主要有蚜虫、黏虫等。要适期播种。从全国范围来看,以每年的10月15日到10月25日播种为宜,个别地方可提前或滞后1～2天。同时应注意合理密植。

（3）苗期管理。出苗后要保持足够墒情和肥力,灌好越冬水,施足越冬肥,安全越冬,增加有效分蘖率。春季返青后,要适时施足起身肥,要消灭杂草、强壮植体、防止倒伏。在抽穗期要喷施一次壮穗灵,提高授粉能力和灌浆质量,增多穗粒数,增加千粒重。

要优化施肥。施肥的原则应是前促、中控、后补。其中基肥占 80％ 左右,追肥占 20％,注意提高有机肥的比例,配合使用磷、钾肥。土地以三肥垫底一炮轰,沙土地适量追肥,而且要减少氮肥用量,增加磷、钾肥。

此外,还应注意种子处理,抓好杂草防除和田间管理。当有 20％ 穗子弯曲时,应及时收获。

(三)荞麦的复播栽培

荞麦作为营养、保健作物,愈来愈受到人们的青睐。它生育期短、适应性强,在麦茬地、早熟马铃薯地上复播填闲种植,可获得很好的经济效益。

荞麦的复播栽培技术操作规程如下:

(1)精细整地。荞麦幼苗顶土能力差,根系发育弱,对整地要求较高,因此首先要抓好耕作整地这一环节。荞麦生育期短,整地时应增施磷、钾肥及腐熟有机肥作底肥。

(2)适时播种。荞麦喜温凉、怕霜冻,播种过早过晚都会影响产量。前茬作物收获后及时整地,7月底或8月初播种。播种方式多用撒播,也可条播。播深 3～4 厘米,播量每亩 4 千克。品种多为伏荞麦,株高 60～70 厘米,生育期 70～80 天。播前晒种 2～3 天,然后温汤浸种选种。

(3)田间管理。播前应湿润灌溉,保证全苗。荞麦苗期生长缓慢,易遭草荒,苗高 6～8 厘米时中耕除草,并剔除细弱苗。开花前进行第二次中耕浅培土,促进不定根群发育。开花至结实期,用尿素、磷酸二氢钾兑水喷施 1～2 次,防止后期脱肥早衰。荞麦为多花作物,但雄蕊短缩,对授粉不利。自然条件下,雌蕊得到花粉机会少,结实率低。可在田边放蜂,或在开花期用一根尼龙绳拂顶,让绳索在植株顶部轻轻拖过,促使花粉飘散,以帮助授粉,提高产量。

(4)适时收获。俗话说:“荞麦见霜,籽粒落光。”因此在降霜之前,70％ 的籽粒由浅黄变为黑褐色时就应抓紧收获。收获宜选在早晨进行,捆扎成把使其充分后熟。

(四)玉米的高产栽培

玉米植株高大,叶片长宽,单株叶面积大,根系发达,需要一定的营养面积,才能满足其正常生长发育。目前,我国玉米产区主要有三种模式:一是“一年一熟制”,形式主要为种植春玉米。二是“一年二熟制”,形式主要有小麦—玉米、油菜—玉米、马铃薯—玉米等。三是"一年三熟制",多采用套作种植,以小麦＋玉米＋甘薯为主体,演化为大麦＋小麦/玉米/甘薯＋大豆,小麦/玉米/玉米＋甘薯,小麦＋蔬菜/玉米/甘薯/蔬菜,等等。

现将玉米高产栽培技术介绍如下:

(1)间、套作。间、套作是在同一单位面积上,不同作物组成复合群体,使作物之间在生理生态上协调互补。如果作物的组合、间套作的时间及方式不当,会导致作物对光温、肥水的需求矛盾增加,互相制约,因此,间套种植时必须注意以下三点:

①作物、品种的组合。用于间作套种的作物或品种应具有耐阴性强、丰产性好、成熟期适宜、株型紧凑、抗倒力强等优点。作物组合中要不同高矮搭配,不同成熟期搭配,作物不同科、属搭配,使各作物协调生长,充分发挥作物间的互补作用。

②带宽与带比。带宽与带比要根据不同作物的生长习性、作物主次合理安排。宽带或带比较大比较适宜于喜光、温作物或高秆作物,如玉米高秆晚熟种与喜光、温的花生、辣椒为主的间作套种。窄带或带比较小比较适宜于中矮秆玉米与耐阴的豆科、茄科作物间套种。

③间套时期。确定适宜的间套时期,既考虑主作物的成熟期和产量,又兼顾对其他茬作物的影响,如小麦套玉米,共生期间玉米苗期的光、肥、水条件处于劣势,对幼苗生长不利。套种越早,共生期越长,对玉米幼苗影响越大。特别是窄行套种前后作物均受影响,故一般在小麦蜡熟期套种,共生期以15～25天为宜,小麦收入后正值玉米幼苗期。而小麦套玉米再套甘薯的一年三熟制,为缩短玉米对甘薯荫蔽的共生期,玉米适当提早套播时间,一般在小麦收入前25～30天,于预留行内播种玉米,玉米收入后甘薯正值薯块膨大期,使三茬作物互为有利。

(2)推广全覆盖栽培技术。要大力推广地膜全覆盖栽培技术,积极示范半膜覆盖集雨节水栽培技术。试验研究表明,半膜覆盖比育苗裸地栽培、传统的裸地直播、全膜覆盖要增产高效、集雨节水。方向是改宽地膜覆盖大垄双行玉米为50厘米盖在行间,玉米实行膜侧栽培,并配以"沟施底肥、小垄双行、等雨盖膜、膜侧栽苗、交替用水"等关键技术。

除地膜覆盖外,目前秸秆覆盖和地膜、秸秆两段覆盖已为广大农民所采用。

(3)实施合理密植。针对我国的玉米生产实际,要加强抗旱大穗耐密型品种的选育和推广。不同品种的生育期长短,株叶型有较大差异,合理密度的范围也不相同。一般生育期短的早熟种,植株矮小,叶片数少,单株所需营养面积小,宜密植;生育期长的晚熟种,植株高大,叶片数多,单株所占营养面积较大,宜稀植。株型紧凑、叶片与主茎夹角小、斜立上冲的品种,光能利用率高,宜密植;株型松散、叶片与主茎夹角大、叶片披垂的平展型品种,则宜稀植。

播期也是决定玉米密度的因素之一,早播或春播,生育期长,叶片数多,宜适当稀植;迟播或夏播,生育期短,叶片减少,可适当密植。

在种植方式上,株行距配置要求既保证单位面积上有足够的株数,又利于通风透光、充分利用地力,更好发挥合理密植的增产效果。

(五)甘薯的高产栽培

甘薯原产于美洲,20世纪中期传入我国。甘薯又名地瓜、山芋、红薯、白薯等。其营养价值高,综合利用广,可以鲜食,加工薯干、薯条及粉条食用,也可用于提取淀粉,制造葡萄糖、食醋等。甘薯的茎叶是牲畜的良好饲料。

栽培甘薯时应注重以下几个方面的技术:

(1)甘薯的育苗。甘薯生长期为150~190天。生产上采用营养器官(块根、梗根、茎蔓)无性繁殖。一般用块根进行无性繁殖,优点是块根富含营养,潜伏芽多,出苗健壮。

甘薯育苗技术如下:

①苗床选择。苗床形式多样,这里介绍酿热温床覆盖塑料膜形式。酿热温床是利用微生物分解纤维素发酵生热,结合覆盖塑料膜,利用太阳能增温的原理进行育苗。其苗床结构为:挖一个49.5~52.8厘米深的坑,坑东西长约660厘米,宽118.8厘米(依塑料膜宽度而定),坑墙北面高42.9厘米,南面高6.6厘米,东西两边筑成南低北高斜墙,坑墙下部每隔132~165厘米留一个13.22~16.5厘米的通风眼,东西墙各留一个16.5厘米的方眼。整平坑底,在坑底挖两条16.5厘米见方的东西向通气沟,南面通气沟离南墙约16.5厘米,北面通气沟离北墙约33厘米,两条沟在东西两头各合成一条,穿过两头的坑墙下通出墙外地面,向上各垒

一个通气筒,东西两个通气筒高低不同,便于通风。在通气沟上每隔1厘米横放一根26.4～29.7厘米长的玉米秸或高粱秸,然后填放酿热物,酿热物应用无霉烂麦秸、碎玉米秸和未发酵的骡马粪按1:1比例混合均匀,然后,盖上薄膜,密封2～3天后,酿热物温度达34℃～36℃时,踏实,厚度24.8厘米左右,再放入8.3厘米床土,即可放置种薯。盖上塑料薄膜,四周用泥密封。

②种薯上床。种薯上床时间要在栽前1个月进行。用于育苗的种薯应选择光亮、无霉病、薯形端正、大小适中(100～200克)、未受冷冻伤及机械损伤的薯块。上床前应用温汤浸种,即先用55℃～56℃的温水浸1～2分钟,再用50℃～53℃的温水浸10分钟,注意搅动薯块使其均匀受热,同时,边浸种边排薯上床。有条件的,还应用药剂浸种,以提高种薯抗病能力,防止烂床。种薯摆放要做到上平下不平、薯头向上,最好用斜放法,有利于节省床面,出苗快。排薯后用沙土填满薯块间隙,浇温水浸透床土,再盖土3.3～4.9厘米厚,最后应该加盖塑料薄膜以提高温度。

③苗床管理。加强苗床管理是多出苗、产壮苗的关键。不同类型苗床均应掌握先催后炼、催炼结合的原则。即从排种到出苗前以催为主,种薯上床第一天要求温度到31℃左右,逐渐升温,约第五天开始萌芽时,升温到35℃左右,4天后,再降温到31℃左右,上炕后8～9天,幼苗出土。种薯对水分有一定要求,幼芽拱土前不再浇水,幼芽拱土时,需浇一次小水,防止芽尖枯干。出苗后应催炼结合,把床温降到28℃,防止温度过高秧苗生长快而不壮。苗高达10厘米时,降温到25℃,逐渐揭开塑料膜炼苗,促使苗粗壮。出苗后,应根据一天气温变化调节苗床温度,并适当浇水。浇水后还要揭开薄膜晾苗,防止发生气根;采苗前5～6天到采苗后,以炼苗为主。秧苗长到20厘米左右时,进行采苗,采苗当天不要浇大水,防止病害传染,次日浇大水。采苗两茬后适时追施氮肥。拔苗后进行第二茬育苗。

(2)甘薯的大田栽培。甘薯生长适宜的土壤酸碱度pH值为6.5～7,含盐量小于0.2%。栽秧前,首先对土壤进行深耕,深度在33厘米左右为宜,过深则下层含养料少的土壤上浮,过浅不能形成疏松的土层。冬前深耕,有利于土壤熟化、积蓄雪水、冻死虫卵。甘薯在生产上进行起垄栽培,作薯垄栽植秧苗,垄距及深度、宽度根据地块水位高低及排水条件而定。垄土应耧细耙实、打碎坷粒,垄向南北向,以利光照充足。甘薯对氮、磷、钾的需求比约为1:1:2,起垄时应施足基肥。甘薯的生长期

较长,施基肥效果比追肥要好,以农家肥如圈粪、炕洞土、草木灰为好。

甘薯无明显的成熟期,在外界环境条件适宜的情况下,生长期越长,同化物积累越多,所以应适当早栽。一般以5～10厘米地温稳定在17℃为栽秧时机。甘薯在4月下旬到5月中旬为栽秧时机,具体应根据天气而定。栽秧前,应灭菌防病,要将薯秧基部3～5厘米放入45℃温水中浸5分钟,再放入50℃水中浸5分钟,取出置阴凉处降温,这样进行变温处理的甘薯苗成活率高、健壮。甘薯栽插方式有直插、斜插、水平插等方法。山坡及干旱地块采用直插或斜插法,易发根,抗旱能力强。水平插法是秧苗平直浅插的方法,要求秧苗长度在26厘米以上。这种方法使秧苗入土节数多、结薯多,在地块精细、水肥条件好的地区比较适宜。秧苗插完,地上部分高度在3.3厘米左右,过高遇风易折断,过低易受太阳灼伤。甘薯栽培密度应合理密植,一般亩株数3000～4000棵,行距66～74厘米,株距23～27厘米,生产中采用高垄双行交错插秧方法,可以充分利用地力、光能,增加通风透气性,有利高产。

(3)甘薯的田间管理

①扎根缓苗阶段的管理。从栽后生出新根到开始形成块根约1个月,是扎根缓苗阶段。这一阶段不定根生长很快,茎叶生长缓慢,此时宜早扎根,促进根系发育,早缓苗,早发棵。要及时查找病苗和死苗,及早选择壮苗替换,这一阶段遇到干旱天气要适时浇水防旱。疏松土壤,避免以后秧苗覆盖地面后除草困难。施提苗肥,栽插成活后,半个月内追施速效氮肥促进幼苗生长,也可以叶面喷施尿素、磷酸二氢钾。

②分枝结薯阶段的管理。从茎叶分枝期到封垄期,是分枝结薯期。这时根系基本形成,茎叶光合能力增强,块根分化形成,到封垄期,单株块根数目基本确定,出现块根第一次膨大的高峰。此时应注重促进茎叶生长增强光合能力,在雨季之前形成较高的亩产量,避免雨季枝叶徒长现象发生。本阶段后期管理即开始控制茎叶徒长。要浇好甩蔓水,追施催薯肥,同时,应及时防治卷叶虫、甘薯天蛾等。

③茎叶生长旺盛、块根膨大时期的管理。从封垄期到茎叶生长达到最旺盛时期,这一阶段雨水多,叶片生长旺盛,光照相对不足,块根生长受茎叶争夺养分影响,生长较慢。本阶段后期,温度下降,温差加大,块根生长迅速,茎叶生长速度缓慢,应该协调地上和地下部分的生长,促进块根膨

大。控制水分,此时天气多变,遇涝应及时排水,遇旱应适时浇水。控制茎叶徒长,可以采用掐尖、剪枯蔓、去掉老化叶的方法,但是不宜采用翻蔓方法,翻蔓损伤营养器官,扰乱叶片均匀分布,不利于同化物积累。

④茎叶衰退块根膨大时期的管理。从茎叶基本停止生长到收获期,由于昼夜温差大,养分积累大于消耗,是块根膨大最迅速的时期,应注重采取措施增产。由于叶片生长缓慢,需水量减少,在不干旱的情况下避免大水浇灌,在甘薯收获前20天内不宜浇水,以免甘薯收获后容易腐烂,不耐储藏。如果遇涝,还应及时排涝。在处暑前后,为防止早衰,延长叶片光合作用,可少量追施速效氮肥。

(4)甘薯常见病虫害的防治

①甘薯黑斑病。黑斑病主要危害甘薯秧苗的块根及秧苗的茎基部,一般不侵害植株的绿色部分。得病的块根在薯面形成圆形或不规则形黑斑,病斑边缘清楚、中央稍凹陷,如黑膏药状,斑内组织变成黑绿色,有强烈苦味,得病的秧苗茎基部产生圆形或梭形黑色斑点,中央凹陷。症状严重时,茎基部完全变黑,腐烂成纤维状。病苗插植不易成活。

对于黑斑病的防治,一是要精选薯苗,剔除带有病斑、虫害和机械损伤的薯块,选用光亮、整齐、均匀形状的薯块育苗。二是更新苗床,避免重复建炕,从多年不栽种甘薯的地块取得床土,控制粪肥传播病菌。三是药剂消毒,可用药液浸薯种10分钟,栽秧期可用药液对秧苗基部10厘米左右浸苗8分钟,以杀死病菌。黑斑病严重的地区甘薯与禾本科作物轮作,能有效防治病害。

②甘薯茎线虫病。甘薯茎线虫病浸染薯块,薯块受害,有的外表与健薯块无明显区别,但重量锐减,薯块内部有白色粉末,后变干腐烂,成为褐色,有的受害薯块表皮也成黑褐色龟裂状。

对甘薯茎线虫病的防治,打垄时进行土壤药剂处理,可以杀死多数线虫;增施有机肥,施入有机肥可以增加有机质含量,增加有益微生物对线虫抗拮作用,减轻危害;合理与玉米、棉花或其他禾本科作物轮作。

③甘薯根腐病。病害主要危害根系,发病初期薯苗尖端变黑,以后须根腐烂,扩展到根茎后,形成黑褐色病斑,表皮纵裂,内部疏松变黑。根系发病,植株矮小,叶片反卷、硬化、干枯脱落,主茎逐渐干枯,形成死苗,甘薯薯块小、表皮粗糙、布满黑褐色病斑、开裂。

为防治甘薯根腐病,应当选用抗病品种,适时更换品种,对土壤深耕改土,防止旱害,与禾本科作物轮作。此外,不能从根腐病病害区调用种薯及秧苗。

(5)甘薯的收获与贮藏。甘薯块根无明显的成熟标准,应根据气候、天气情况适时收获。地温在15℃～18℃,块根增重逐渐减少直至停止膨大。地温低于9℃,易发生冷害。一般甘薯收获在地温处于12℃～18℃时进行。甘薯收获过程中及收获后尽量减少碰撞次数,避免伤害薯皮,不利贮藏。

安全贮藏应掌握以下原则:

①合理作窖。薯窖应当干燥、向阳、背风,有利保温,便于通风,结实耐塌。挑选健薯,防止贮藏过程中病菌接触传染,引起烂窖。

②随时查窖,调节温度。入窖初期,甘薯窖内温度较高,注意通风,7～10天内保持20℃左右,以后窖温应控制在12℃～15℃,逐步封闭窖口,做好保温。冬季最冷时,窖内温度不能低于10℃,以防止冻害。

二、经济作物种植

经济作物是重要的工业生产的原料,是许多重要生活必需品的来源。随着社会的发展,人们对经济作物的需求越来越大。此外,经济作物能给农民朋友带来快速的经济效益,它的栽种对农民的收入增加能起到立竿见影的作用,因而应当是广大农民朋友发家致富的最佳项目。

(一)茶叶的高产栽培

茶叶产业在农民脱贫致富中占有重要地位。中国是世界上茶叶生产、消费和出口大国之一。为了提高茶叶产业化技术水平,茶叶的良种繁育、良种园建设、茶园管理、茶叶病虫害防治等方面都已引起了人们的高度重视。

茶叶的高产栽培技术要点如下:

(1)茶园建设。新建茶园应据茶树对环境条件的要求选择土壤结构良好的沙壤土、壤土、黏壤缓坡地带,土层深厚,土壤肥沃,水源充足,交通、电力、通信方便,周围无污染源。首先要对茶园进行合理的规划,茶园的开垦一般是在秋冬季或"伏天"。先清除杂灌木和乱石等,确定道路、水沟位置,做好梯级测量定线。茶园清除地面杂物后,进行两次耕作。

(2)茶树定植。茶树的繁殖方法有两种,即有性繁殖和无性繁殖。有性繁殖指用茶树的种子进行繁殖。无性繁殖指用茶树的营养体来繁殖,近年来推广的茶树大多为无性品种。目前茶树良种繁育中最常用的方法,主要有扦插、嫁接、组织培养等。生产上普遍采用的是短穗扦插。茶树品种的选择要适应当地的土壤和气候特点,具有较强的抗逆性,并适制当地的名优茶类,以充分发挥经济效益。面积较大的茶场,对茶树品种的选择,还应注意各个品种的特性的搭配。种植前一个月,在茶行位置开宽70厘米×深60厘米种植沟,结合施肥进行沟土回填。定植一般在10月份栽植,特殊情况也可在早春2月下旬至3月上旬进行。选用1～2年生三级以上茶苗,定植时分层填土压实,浇好定根水,确保成活。

(3)茶园管理

①中耕除草。中耕除草可疏松土壤,提高通透性;翻埋杂草,增加土壤有机质;熟化土壤,增厚活土层。采取中耕除草,使茶毛虫、茶尺蠖的蛹、茶籽象甲、茶象甲幼虫及蛹都暴露于地表而死亡,又能减少病虫的寄生场所。

②茶园间作。幼龄茶园和改造茶园的茶树行间,应种植豆科绿肥作物(如花生、黄花苜蓿等),在开花结果(荚)初期,结合茶园深耕翻埋入土,培肥土壤。

③茶园铺草。铺草可防止水土流失、保持土壤水分、抑制杂草生长、稳定土温、增加土壤有机质、增强土壤生物活性、促进茶树生长。茶园地面覆盖物可用绿肥茎、叶、嫩草、豆荚、树皮木屑、农作物秸秆等有机物料为主。

(4)茶园施肥。根据土壤理化性质、茶树长势、预计产量、制茶类型和气候等条件,确定合理的肥料种类、数量和施肥时间,实行茶园平衡施肥,防止茶园缺肥和过量施肥。施肥分为基肥和追肥。

基肥主要是施加有机肥或商品有机肥,并配合施用磷肥、钾肥、茶树专用肥或微生物肥料,每年10月中旬左右,在茶行间开沟深施、盖土。追肥可结合茶树生长规律进行多次,以化学肥料为主,但要避免使用硝态氮化肥,或配施经高温腐熟后的有机液肥、家畜禽粪便等有机肥料,分别在春茶前、夏茶前(在茶行间)开沟施入,及时盖土。根据茶树生长状况,可以使

用叶面肥,叶面肥应与土壤施肥相结合,在采摘前 10 天停止使用。

(5)茶树修剪与采摘。根据茶树的树龄、长势和修剪目的分别采用定型修剪、轻修剪、深修剪、重修剪和台刈等方法,培养优化型树冠,复壮树势。幼龄茶园需要进行三次定型修剪;成园茶树每年进行一次轻修剪或 3~5 年进行一次深修剪;覆盖度较大的茶园,每年进行条行边修剪,保持茶园行间 20 厘米左右的间隙,以利田间作业和通风透光,减少病虫害发生。修剪工作在茶季结束后于 11~12 月进行,修剪出来的枝叶应留在茶园内,以利于培肥土壤,病虫枝条和粗干枝应清除出园。重修剪和台刈的茶园应清理树冠,建议使用波尔多液冲洗枝干,以防治苔藓和剪口病菌感染等。

采茶应根据茶树的生长特性和各类茶对加工原料要求,遵循采留结合,量质兼顾和因园制宜采摘原则,抓好留叶采、标准采和适时采等合理采摘技术环节,才可使茶树持续健壮生长。保持芽叶完整、新鲜、匀净,不夹带蒂梗、茶果与老枝叶。应用各种修剪机械和采茶机械作业时,必须采用无铅汽油和机油,防止汽油污染土壤和茶树。

(6)病虫害的防治。茶树病虫害防治是茶园管理的重要环节。目前茶园虫害主要有黑刺粉虱、茶小绿叶蝉、茶蚜虫、茶叶螨类和绿盲蝽等。茶树病害主要有茶云纹叶枯病、茶煤病、茶赤叶斑病、茶轮斑病等。茶树病虫害防治,必须坚持"预防为主、综合防治"的原则。

(二)花生的高产高效栽培

花生的高效益栽培技术要点如下:

(1)优化轮作和深耕整地。花生忌连作,强调轮作换茬,较好的前茬作物是玉米、谷子等禾本科作物,棉花和地瓜等作物后茬亦可种花生。前茬作物收获后最好冬前深耕或深翻地,深度以打破坚硬的犁底层,见到"生土"为宜。早春旋耕整平待播。反对只旋耕不深耕深翻地。麦茬花生应在收小麦后先碎草后旋耕,使麦茬麦秸全部混入耕作层土层中。

(2)科学合理施肥。根据花生的根系、果针和荚果表面都能从土壤中吸收养分的特性,施肥种类应以有机肥为主,结合施用化肥;施肥方法以全耕作层施肥为主,结合播种时集中施肥;施肥时间以基施为主,结合生长期追肥的原则。亩产 400 千克以上荚果,应施土杂肥 3000~4000

千克、碳酸氢铵40～50千克、过磷酸钙50～60千克、硫酸钾肥10～15千克,结合早春或麦收后旋耕地混入耕作层土壤中,播种时再集中施用复合肥20千克左右。花生叶面喷肥具有吸收快、利用率高、增强花生抗逆能力、增产效果显著、投入成本低、回报率高等诸多优点,生育期间应结合喷杀虫剂和杀菌剂或单独多次喷施。

(3)选用优良新品种。针对当前大面积推广的品种严重混杂退化和老化,应选用稳定性好、优良性状突出、专用性强的优良新品种。

(4)合理密植。适宜的种植方式、合理的种植密度、足够的实收株数是实现花生高产的前提和基础。

(5)机械播种和收获。花生机械播种集高产、高效栽培技术于一体,使起垄、播种、施化肥、整平垄面、喷除草剂、覆盖地膜等多道工序一次性完成,精准性好,标准化程度高,花生齐苗快、长势好,单株结果多,比人工播种增产8.9%。

(6)覆盖黑色地膜。经过近30年的生产实践,花生地膜覆盖栽培增产30%以上,已成为实现花生大幅度增产增效的重大技术措施而被广泛推广应用,发挥了和仍在发挥着显著的增产增效作用。所用地膜几经改进,从而使覆膜栽培的投入成本降低,净效益提高。经试验和实践证明,覆盖黑色地膜的增产效果优于覆盖普通白色地膜。

(三)浅池藕的秸秆栽培

藕(又称莲藕)的根茎粗壮,肉质细嫩,鲜脆甘甜,营养丰富,具有较高的食用、药用价值。浅池藕秸秆栽培产量高,易采收,省水、省工,种植面积逐年扩大。

浅水藕秸秆栽培技术要点如下:

(1)选择适宜品种。种藕要选择藕粗而圆、表皮白色、肉质脆嫩、味甜、品质好、产量高的早熟品种。

(2)建藕池。藕池要选在阳光充足、没有树木荫蔽的村头荒地、荒宅、废旧坑塘、低洼废弃地等处。

池深60厘米,池壁斜度60度。将石灰撒入池底,用旋耕犁旋耕2～3遍,耕深20厘米,土灰混合均匀后,用夯土机将池底整平压实。用3:7的石灰土将池壁夯实。用薄膜将池底、池壁铺平铺好,再抹2～3厘米厚的混凝

土,将准备好的斜板立在池壁上,用水泥抹缝抹好。所建藕池可使用15年。

(3)整地施肥。将稻草、麦秸、玉米秸秆或杂草铺入池内,将土杂肥、磷酸二铵、硫酸钾,与盖土混合均匀后盖在秸秆上,厚12~15厘米。

(4)种藕选择与排藕。种藕于临栽前挖出,选符合本品种特性并带有子藕的整藕作藕种,子藕必须向同一方向生长。种藕在第二节后1.5厘米处切断,向种藕喷50%多菌灵500倍液或百菌清600倍液,闷1天后备用,也可用500倍的50%多菌灵溶液浸种30分钟消毒。

排藕在清明至谷雨间进行,行距1.5~2米,株距0.6~1米。排藕时藕头埋入秸秆中12~15厘米深,后把节稍翘在水面上,以利用阳光促进萌芽。各株间以三角形对空排列,以使莲鞭分布均匀。四周边行藕头朝向池内,以免莲鞭伸到埂外。排藕后灌水4~5厘米深。

(5)田间管理。栽后半月出现浮叶时进行除草。定植一个月后浮叶逐渐枯萎时,摘去浮叶使阳光透入水中提高水温。立叶布满水面时不宜再下田除草,以免碰伤藕身。现蕾后将花梗曲折插入泥中。

生长期间需进行两次追肥。第一次追肥在莲藕生出5~7片立叶进入旺盛生长期时。第二次追肥在结藕时。追肥应在无风的晴天进行,施肥前放浅水,肥料充分吸入土中后再灌至原来的水位。追肥后可泼浇清水冲洗荷叶。

栽植初期,保持4~7厘米的浅水;生长旺盛期,随着立叶及分枝的旺盛生长,逐渐加深水层至12~15厘米;结藕期,以保持4~7厘米的浅水为宜。

当卷叶离池边1米时,随时将近池边的藕梢向池内拨转,以使结藕分布均匀。生长盛期2~3天转1次,生长缓慢期7~8天转1次,共转5~6次。转梢宜在中午茎叶柔软时进行,将梢头托起按拨转方向埋入土中即可。

(6)病虫防治。莲藕主要病害为腐败病,它主要侵害莲藕地下茎部,造成变褐腐烂,并导致地上部分枯萎。防治方法:一是排藕前用石灰消毒;二是生长期发病,及时拔除病株,全田喷洒50%多菌灵600倍液加75%百菌清600倍混合液,或将上述两种杀菌剂等量混合好,用拌细土堆闷44小时后撒入池中,5~7天1次,连防2~3次。

(7)采收。进入10月份后,可根据需要随时采藕。因采用浅池藕秸秆栽培,采藕方便,只需抓住把藕慢慢拔出即可。

(四)甘蔗的栽培

甘蔗是我国制糖的主要原料,具有皮薄、汁饱、清甜、花香味、口感好、不上火的优点,是深受人们喜爱的冬令水果之一。

甘蔗的栽培技术要点如下:

(1)轮作与间作。甘蔗不宜连作,连作引起土壤肥力下降不利于生长。甘蔗轮作方式,水田主要是甘蔗与水稻轮作,且冬季还可以种一季绿肥或其他冬季作物;旱地主要是甘蔗与甘薯、花生以及其他豆科作物轮作。

(2)整地。甘蔗是深根性作物,要求在前作收获后深耕整地。耕翻的深度要因地制宜,一般说,耕翻早、晒白时间长的可耕深一些,否则应浅一些;土壤深厚肥沃、结构良好的,可耕深一些,反之宜浅耕。雨水多、土质黏、排水不良的田块,要整畦栽培或开排水沟。

(3)下种。生产上多采用50厘米左右的梢部茎作种,先剥叶后砍种,一般一节段2~3个芽。经清水或药剂浸种后播。育苗移栽比直播增产10%以上,在冬季或早春以塑料薄膜育苗,长出3~6片叶、永久根初发时移栽。

(4)田间管理。苗期要求苗全、齐、匀、壮。措施上防旱保水或排涝防渍、查苗补苗、中耕除草。开始分蘖时结合追肥小培土,分蘖盛期中培土,苗期薄施勤施追肥。生长期需水肥最多,要重施攻茎肥,此期吸收氮素占总量50%以上,磷钾则占70%以上。生长期需水占全生育期50%以上,主要采用沟灌。结合施肥大培土,抑制无效分蘖,促进新根生长。在台风频繁地区,为防倒伏,还要进行一次培土,培土前剥除基部枯黄老叶及弱小无效分蘖。生长后期和工艺成熟期,蔗茎生长速度减慢,糖分迅速积累,可酌施壮尾肥,剥除枯黄老叶,利于通风透光、减少病虫害。

(五)朝天椒的种植

作为一种优良的经济作物,朝天椒的种植效益较好,具有省资、省力、抗旱稳产等优点。农民朋友种植朝天椒,首先要选对良种,可选用抗病、抗逆性强,适宜春季、麦茬栽培的优良品种。在具体的种植和管理上,应当按照科学的方法,以达到高产的目的。

朝天椒的栽培技术要点如下:

(1)种子处理。播种前,一般要求将种子摊晾晒2~3天,将种子浸

在水中,经过充分搅拌,捞出秕粒,用清洁器皿盛温水 30℃～40℃,浸种 12～24 小时,再用清水浸 4～5 小时后,用 0.3% 高锰酸钾溶液浸种 20～30 分钟,捞出彻底洗净药液,催芽 4～5 天。幼根长度与种子长度相等时,即可播种。

(2)播种育苗。播种育苗的最佳时间是 1 月底至 2 月中下旬。苗床应选择背风向阳、地势高燥、土壤肥沃、没有种过辣椒、且运输、水源方便的地块作为育苗地。播种前先用多菌灵 800～1000 倍液对苗床消毒。每亩移栽地播种子 130～150 克,选无风的晴天中午进行播种。方法是在整齐的厢面上浇足水,待下渗后即可播种。用过筛的细土覆盖种子 0.5 厘米厚,不能过厚过薄。播种后立即用塑料薄膜覆盖,四周用泥土封严。

(3)苗床管理。前期白天保持 20℃～28℃,夜间保持 15℃～18℃,苗床土温不低于 18℃。后期白天保持 15℃～20℃,夜间保持 5℃～10℃。如果温度太低,可采用覆盖草帘保温防寒,太高则可采取"放风"形式降温。坚持循序渐进原则,切不可突然揭膜、突然盖膜。如浇足了底水,一般不浇水,如确需浇水,每次浇水不能太多,后期可喷尿素加磷酸二氢钾提苗。要求用新鲜薄膜。一般 3～5 天长一片真叶,当长到 4～5 叶时,按 3 厘米见方留一棵苗,并拔去苗床内杂草。猝倒病、立枯病、炭疽病用多菌灵、百菌清等防治。

(4)适时移栽。3 月中下旬至 4 月上中旬,选择保肥、松散通气的 pH 值为 6.5～8 壤土、沙壤土或黏壤土,按行株距 45 厘米×30 厘米移栽。每亩 4000～4500 窝,每窝双株,打窝 6～7 厘米深。选择植株的要求是株高 20 厘米,苗龄 60 天左右,具有 10～14 片真叶,节间长 1.2 厘米,叶色正绿,根系发达,已发生 2～3 次侧根,少数植株带有花蕾,无病虫害。

(5)田间管理。朝天椒喜温、喜肥、喜水,不抗高温、不耐浓肥、最忌雨涝。管理上应做到以下几点:

①中耕培土。及时中耕培土,可促进朝天椒根系生长发育,提高土壤温度,有利保墒。土壤水分较多时,中耕还可散湿,有利根系生长。

②分期追肥。如未施底肥,可分 2～3 次进行追肥。如施了底肥,有缺肥现象,可用磷酸二氢钾加尿素进行根外追肥。

③防止落花落果。造成朝天椒落花落果原因较多,如高温、低温、干旱、缺肥、徒长、病虫害。在加强农业措施的同时,可采用防落素和强力

增产素保花保果。

④抗旱排涝。朝天椒根系浅,怕旱怕涝,特别是盛果期,如缺水,产量会严重受影响。应小水勤浇,保持土壤湿润。高温天气忌中午浇水,以免降低土壤温度,造成落叶、落花、落果。

⑤摘心打顶。朝天椒枝型层次明显,一为主茎果枝,二为侧枝果枝,三为副侧枝果枝。其主要产量为副侧枝的果实组成,因此,主茎一现蕾就应进行人工摘心,促发侧枝。副侧枝若发生晚,果实不能成熟,应及时摘除。

(6)病虫害防治。危害朝天椒的病害有猝倒病、立枯病、病毒病、疫病等,应及早防治,且要坚持防重于治的原则。7~8月为疫病多发阶段,每7~8天喷一次药,可选用多菌灵、百菌清等进行喷施;虫害主要有棉铃虫、烟青虫和玉米螟等,可用高效药液等进行喷施。平时要勤查细看,要在虫少且小(3龄前)的时候进行防治。天气干旱时要注意防治红蜘蛛、蚜虫等。

(六)蓖麻的种植

蓖麻原产非洲东部,中国栽培品种很多,主要有有刺中粒种、无刺中粒种、红茎小粒种、白茎小粒种、蜡叶小粒种。蓖麻喜高温、不耐霜,而耐碱、耐酸,适应性很强。蓖麻栽培种有油用和油药兼用两种类型,有较高的经济价值。

蓖麻的种植技术要点如下:

(1)播种。播种前应对种子进行粒选和晒种,以提高种子发芽率。播种在4月中下旬当平均气温达到12℃~15℃时进行。如果有条件可采用地膜覆盖,可使生育期增加15天左右。播种一般采用人工点种,行距80~100厘米,每穴2~3粒,种子播深6厘米左右,播种后及时盖土、镇压。

(2)田间管理。蓖麻出苗后及时检查,发现有缺苗要及时补苗移栽。蓖麻是喜温作物,其根系较深,因而及早进行中耕以提高地温。又因蓖麻株行距较大,易生杂草,及时中耕还可起到除草作用。施足底肥是确保蓖麻丰产的关键。蓖麻需肥量较大,因而底肥必须施足,第一次追肥在第一主穗现蕾期,第二次追肥在第四穗现蕾期。要适时整枝。第一次是主茎现蕾后留下3个粗壮的分枝作为一级分枝,把5片叶以下的分枝全部去掉。第二次在初霜来前40天左右,把各个生长点全部打掉。

(3)采收。果穗上的蒴果 80％为黄褐色时,即可采收。收回后的蒴果应及时晾晒、脱粒,水分降至 9％以下时即可装袋出售。

(七)胡麻的高产栽培

胡麻又名亚麻,通常按它的用途分成纤维用亚麻、油用亚麻和油纤兼用亚麻。人们一般习惯上把纤维用亚麻叫亚麻,把油用亚麻和油纤兼用亚麻叫胡麻。

胡麻的高产栽培技术与管理方法要点如下:

(1)播前准备。选择土层深厚、土质疏松、保水保肥力强、排水良好的微酸性土壤。前茬以玉米、小麦、大豆、甜菜为好,实行 4～5 年以上轮作。当土壤可耕时应立即春耕,耕后及时耙糖,耙糖要细、平,清除残茬,使土壤细碎、疏松、保墒,利于胡麻出苗、保苗。底肥以有机肥为主。播种前应对种子进行精选、晾晒,提高发芽率;用药液拌种,防治苗期病害。

(2)适时播种。当平均气温稳定到 7℃～8℃时即可播种。一般采用机械条播,用 7.5 厘米或 15 厘米条播机交叉播种。适宜的播种深度一般在 3 厘米左右。

(3)田间管理。胡麻幼苗生长比较缓慢,而早春杂草的生长速度几乎是胡麻的 10 倍,可采用化学除草的方法,除草率可达 85％～90％。追肥以氮肥为主。根据胡麻需水特点,一般在苗高 6～10 厘米时灌第一次水,头水要小水细灌,以免冲坏胡麻苗;现蕾到开花前灌第二次水,满足植株迅速生长和开花结桃对水分的需求;胡麻开花后,视天气情况,如干旱,土壤出现龟裂,要继续浅浇水,但要防止倒伏,以免造成减产。

(4)适时收获。胡麻收获的早晚对产量有直接影响。胡麻最佳收获期为黄熟后期,标准是胡麻下部叶片变黄、部分叶片脱落、50％～60％蒴果发黄、个别变成褐色、只有少数籽粒微有黏感时,即可收获。

(八)苏子的栽培

苏子有紫苏和白苏之分,紫苏多为药用,白苏既可食用也可榨油,目前,以白苏种植为多。

苏子的栽培与采摘技术要点如下:

(1)整地施肥。苏子排水良好、疏松肥沃地生长快。秋翻地,春季播种前一个月左右先翻地并施入农家肥作基肥。在播种前 12 天把地耙细,整平起垄,垄宽以 40 厘米左右为宜。

(2)播种方法。播种期在东北适宜期为 4～5 月,在温室里可根据市场情况适时调节温度进行播种,播种的温度以 15℃～20℃为宜。常用的播种方法为大田直播和育苗移栽两种,大田直播比育苗移栽省工省时、生长快、收获早、产量高。

选雨后土壤疏松时播种为宜,撒播、条播或穴播均可。条播按行距 40 厘米起垄,在垄上开浅沟,沟深 2 厘米左右,用细沙与苏子混合后均匀地播入沟内,薄覆细土。穴播按行株距 40 厘米×30 厘米开穴,每穴播种 4～5 粒,薄覆细土。

选向阳温暖、土质疏松肥沃、排灌条件良好的平坦地块作床,床的大小根据播种面积而定。在做好的床内向下取土 20 厘米,铺上腐熟的优质农家肥与沙壤土的混合物,耙细整平、压实。把种子与少量的细沙混合拌匀后,均匀地撒在床内,再在上面撒上一层细土。然后,开始浇水,浇到畦面的水以能停留一会儿后再渗下为度。最后,插上弓架,盖上农用塑料薄膜即可。

出苗前,要保持床面湿润,温度在 20℃左右为宜,7～8 天出苗,出苗后浇水要酌减。当第一对真叶展开时开始拔草,第二对真叶展开时定苗,第三对真叶完全展开时炼苗,炼苗达 5 天以上即开始移栽。栽前 12 小时要把床打透水,起苗时苗根部要带土。株距 30 厘米,每穴一棵苗为宜。

(3)田间管理排灌。天旱时及孕蕾期要浇水,大雨后及时排水,中耕除草。田间直播的第一次锄草在幼苗刚一看清行列时进行,第一次行间松土及行内除草是在第一次全面除草后 15 日进行,以后松土及除草视具体情况来看。田间直播的植株出生 2～3 对真叶期间用手工间苗,4 对真叶展开时按株距 30 厘米定苗,每穴留一株。补苗不伤根,不能过迟,宜选阴雨天气补苗、追肥。生长前期追肥 1～2 次,追肥以氮肥为主,播种出苗后进行第一次追肥。在封行前重施一次有机肥。

(4)病虫害防治。在雨季锈病发生严重,危害叶片,可采用药液进行叶面喷施。在高温多雨、排水不良时根腐病发病严重,危害植株根、茎,可采取及时控除病株并集中烧毁,发病处用石灰消毒、注意排水和与禾本科植物轮作等措施进行防治。

(5)采收。当苏子长出 5～6 对真叶时即可采收,主要采摘其中部叶

片。采摘部位上部至少要有 3 片叶,这样,采摘后上部生长点可继续生长,下面的每一叶腋处还可长出嫩茎,再长出 3 对叶可再继续采摘。当苏子长到一定高度可摘心,最上部叶片及幼茎又可食用。苏子的采摘期大约持续 2 个月,一株大约摘叶 170 克。也可于 9 月上旬割取植株,挂通风背阴处晾干,干后打下苏叶、苏梗以备冬用。果实成熟时,割下植株或果穗,打落果实,晒干为苏子。

三、瓜果、蔬菜种植

瓜果蔬菜能提供给人们多种多样的营养物质,能维持和补充人体所必需的维生素、矿物质等。相对其他致富项目来说,瓜果蔬菜种植简单易行、见效快、收益大,技术含量不高,所以,十分适合广大农民朋友种植。果蔬种植,对于增加农民收入、促进农村经济发展都具有重要意义。

(一)红乳葡萄的栽培

"红乳"是日本杂交选育的一个中晚熟葡萄新品种,属欧亚种。该品种外观好、品质佳。

红乳葡萄的栽培技术要点如下:

(1)株行距。北方常用 0.7 米×3 米或 0.5 米×3 米,南方常用 0.7 米×3 米或 0.8 米×3 米,采用篱棚架方式栽培。

(2)栽植。畦中间挖好栽植沟,沟宽 50～70 厘米、深 35～80 厘米,注意表土与底土分开堆放,沟底放入杂草和易腐熟秸秆。将肥施入沟内,每 667 平方米(1 亩)施猪厩肥 4～5 立方米或羊厩肥 3～4 立方米或腐熟鸡粪 2 立方米配磷肥 100 千米,与土混匀,表土填于中下部,底土覆于表面。栽植时间北方多在秋后土壤封冻前或春天气温升到 5℃ 以上时,南方在秋落叶后至翌年 2 月。栽植时注意根应向四周展开,边埋边踩,填土一半时提苗使根舒展,栽后立即浇水使土沉实。

(3)栽后管理。及时抹掉砧木蘖芽,选强壮嫁接芽作主蔓,抹除多余芽并及时竖杆拉线。一年生小苗要勤浇水,冬剪应注意剪口离地面 1 米处直径不应小于 1 厘米,1 米以下 50 厘米以上的侧枝直径达到 1 厘米的可做第二年的结果母枝。二年生苗萌芽前灌催芽水并结合施肥,及时抹芽。在新梢长到 5～10 厘米时,保持每平方米架面留 10～15 个梢或其新梢间距保持 25～30 厘米为宜。花前 7～10 天结合施肥浇水,花后 10～15 天应开始浇水施肥,果实生长期及葡萄着色前每 10 天浇一次小水并结合施肥。花前 7 天左右,在花序上留 10 片叶,对于发育枝留 12 片叶左右摘心,顶端副梢留 2～3 片叶进行反复摘心。落花后 7～10 天开始喷杀菌剂,隔天即可套袋,套袋在落花后 15 天内完成。

关于冬季修剪,一般在落叶后至翌年春天进行,冬剪时结果枝粗度不应小于 0.8 厘米,剪口应在芽眼前 3～5 厘米处。短梢或中短梢修剪均可,也可采用长、中、短梢相结合修剪。一般在冬剪后土壤封冻前 10～15 天埋土防寒,其方法是将枝蔓下架并顺一个方向捆好,然后覆土,培土一定要严密、紧实,其培土厚度根据当地气候而定。长江流域或江南地区,冬季修剪完毕后,树体喷 1～3 次波美度石硫合剂即可。

(二)樱桃番茄的栽培

樱桃番茄,又名迷你番茄、微型番茄、小番茄等。原产南美洲。我国引进较晚,作为鲜食品种,近年来栽培面积不断扩大,市场销售量呈现上升的趋势。

樱桃番茄的栽培技术要点如下:

(1)选用优良品种。目前樱桃番茄栽培的品种较多,主要有新女、玲珠、金珍、圣女、串珠等,可根据各地实际选择优良品种栽培。

(2)栽培季节。樱桃番茄栽培可分为保护地栽培和露地栽培。露地栽培的经济效益较低,在城市郊区等有一定的面积,作为夏秋季蔬菜的调剂品种。保护地栽培目前应用较多的为日光温室,一般在 10 月份育苗,11 月份定植,翌年 2 月份春节前后开始采摘,一直可收获到 6 月份,采摘时间较长。

(3)育苗。床土选用保水保肥力强、肥沃疏松的土壤,樱桃番茄种子较小,一般采用子叶期移栽到营养钵中的育苗方法。育苗期樱桃番茄需要较高的温度,出苗时床温保持在 27℃,出苗后降到 20℃,注意通风,防止高脚苗。

(4)施肥整地。定植前精细整地,并施充分腐熟的有机肥料、复合

肥。深翻整地,做高垄,垄面宽 50 厘米,每垄定植 2 行,宽行行距 80 厘米,窄行行距 40 厘米。

(5)定植。日光温室栽培一般在 11 月中旬,选择带大花蕾的壮苗定植。定植前在垄面上喷洒除草剂,喷后浅耧垄面,覆盖地膜。双干整枝的株距 40～50 厘米,单干整枝的株距 25～30 厘米,在地膜上打孔,将苗子放入打的孔中,四周压实浇足水。

(6)田间管理。樱桃番茄生长的适宜温度为 20℃～30℃,白天温度保持在 25℃左右,最高不要超过 35℃,晚上保持温度 15℃～20℃,温度过高要及时通风,过低注意保温。

定植后当植株生长到 30 厘米左右时进行搭架,架形一般为"人"字架。有限生长型,为了多结果,一直在上部留 2 个强壮侧枝。无限生长型,不以早熟为目标,可进行双干整枝,一般采用单干整枝。

出现侧芽后要及时去掉,摘除下部老叶,促进通风透光,防止病害发生。为了提高坐果率,冬季温室栽培樱桃番茄,在开花时要涂抹防落素,但要注意用量,无公害食品禁止使用的药剂不能使用。

(7)采摘和包装。红色品种一般要等到完全成熟后采摘,黄色品种一般在八成熟采摘风味较好。采摘时要保留绿色的萼片,采摘后防止堆放,一般用透明的塑料盒子小包装,也可以用泡沫塑料箱包装。

(三)甜樱桃"黑珍珠"的栽培

"黑珍珠"是国内近年选育的果个大、果肉硬、易达出口果标准的甜樱桃新品种。其果实紫黑色,有光泽,黑里透亮,果肉、果汁深红色,肉质脆硬,风味甜,耐储运。

"黑珍珠"的栽培技术要点如下:

(1)园地选择。选择地下水位较低、排灌良好的壤土或沙壤土建园。对于大块平地,采取台田栽植,行株距(4～5)米×3 米。

(2)选择授粉树。授粉树品种可选择萨米脱、砂密豆、斯坦勒,采用纺锤形树形培养。全树保持 15 个水平单轴延伸结果母枝,控制枝粗在 5 厘米以下、树高 3 米以下。

(3)栽培管理。"黑珍珠"极丰产,在栽培管理上,一方面要加强肥水管理,保持树势中等;另一方面要通过修剪,合理控制负载,以确保单果重在 10 克以上。

(四)火龙果温室栽培

火龙果营养十分丰富,主要含有维生素、纤维素、葡萄糖、氨基酸以及人体所需的磷、铁等矿物质,具有解毒、滋润肠胃、清血、降血压等功效,同时还有美容、养颜、延缓衰老的作用。

火龙果的温室栽培技术要点如下:

(1)温室的选择。普通的日光温室大棚都能种植。棚室后墙高 2 米,棚脊高 2.5～3 米,跨度一般不超过 7 米,长度 50 米左右为宜,墙体基部厚度为 2 米,上端 1 米。棚的前面挖 50 厘米深的防寒沟,以防老化聚乙烯无滴膜作棚膜,提高光能利用率。加厚防寒草帘或纸被,棚内设加温炉 3 个,以备阴、雪严寒冬季增温。

(2)种苗定植。火龙果属藤蔓性仙人掌科植物,人工栽培时必须搭架供其攀爬生长。首先在温室内按株距 1.2 米、行距 1.5 米埋设 1.3 米高水泥桩,每根水泥桩定植火龙果苗 2 株。定植前每个温室施用底肥,定植后浇足定植水。

(3)栽培管理。火龙果属耐旱植物,浇水时要掌握不干不浇、浇则浇透的原则。另外,在生长过程中果未坐住时不浇水,待果长至鸡蛋大时再浇,一般情况下 15～20 天浇水 1 次为宜。

在施足基肥的情况下,进入结果期后要每隔 15～20 天追肥 1 次,注意要有机肥和化肥交叉进行。要注意平衡施肥,做到养分齐全,充分满足植株对各种养分的需要。追肥方法很多,可采用环状追肥、放射状追肥、灌溉式追肥和叶面追肥等方法。

火龙果种苗定植后,15～20 天后可发芽且迅速生长。在生长过程中会孳生很多苞芽,形成杂乱无序的侧枝,如不及时修剪,就会影响植株的正常生长。火龙果整枝时只留 1 根主干,其他侧枝全部剪掉,以保证主干的正常生长。待主干达到 1.3～1.5 米高时要进行打顶迫使其生出侧枝,这些侧枝即为结果枝。根据植株生长的状况及环境条件,结果枝每株可留 20 条左右,1 条结果枝以留 3 个果为宜。进入盛果期后,应将全部结过果的枝条剪掉,以减少养分消耗。

(4)病虫害防治。火龙果在原产地处于野生状态,具有很强的抗病

虫害能力。但蜗牛和蛞蝓经常啃食其嫩枝条,给火龙果生长造成影响,一般可采用撒石灰方法防治,如虫口密度大时,也可采用毒饵诱杀。在果实成熟时,果蝇常将卵产在果实表皮内,造成裂果与烂果。防治方法是将粘蝇纸挂在枝干上,诱杀成蝇,或用生物农药喷雾,效果也较理想。

(5)采收和贮藏。火龙果从开花至成熟一般需 30～40 天,果皮变红、具有光泽时,即可采收。采收时用果剪贴紧枝条把果柄剪断,最好保留一段果柄,以减少果实在贮运过程中的养分消耗;采下后轻放于果筐中,尽量减少机械损伤。

火龙果耐贮藏,一般采收后在常温下可保存 15 天以上,若在保鲜库中 10℃～15℃ 条件下贮存,时间可延长到 2 个月以上。

(五)油梨的优质高产栽培

油梨又名鳄梨、酪梨或牛油果,适应性很强,在海拔 1000 米以下的低山、丘陵、平坝生长。油梨果肉营养丰富,果肉含糖率极低,是糖尿病人难得的高脂低糖食品,且具有良好的护肤、防晒与保健作用。

油梨的优质高产栽培技术要点如下:

(1)育苗。育苗分实生育苗和嫁接育苗两种,供播种的种子应取自充分成熟的果实。油梨种子外层的褐色种皮,播前务必剥除干净,使播后发芽快、幼苗生长齐一。在播种前,种子顶部及底部各切去一小片(约 5 毫米),可加快发芽,且发芽一致。播种苗圃地应选择水源充足、排水良好、不易受寒害及风害的地方。土壤要结构良好、有机质丰富、土层深厚的砂壤土。经精细整地后起高畦。播前种子浸水 24 小时,以促进发芽;按粒距 10 厘米播种,种子尖端向上,盖土让种子外露约 1 厘米,盖草保湿。种子播后经 30～40 天发芽,当苗高 10～20 厘米时,按大小分级移植,株行距 30 厘米×60 厘米。移前充分浇水。移后注意肥水管理,因油梨苗根极易遭氮肥伤害,故除施少量厩肥和磷肥外,只在必要时才施少量氮化肥。约培育 1 年便可出圃供种植或进行嫁接。最好用容器育苗,种子先播种于 20 多厘米高的浅盘中,待长出 4 片叶后移于塑料育苗袋培育,便于管理,有利于延长种植期和提高成活率。

(2)选地、整地。油梨属常绿乔木,生长速度快,木质松脆,抗风能力差,忌积水不耐旱,所以应选背风,土层深厚(1 米以上)、土壤肥力好、疏松,坡度小于 50°以下,平均气温在 14℃～20℃,降雨量在 1000 毫米以上,不积水,排灌方便的坡地或地块种植。用机械或人畜翻地,然后按 5 米×5 米的株行距进行打坑,后施足底肥,回填土时要高出土面 30 厘米。

(3)种植。种植时间一般在 3～4 月,按 5 米×5 米的株行距进行栽植,浇足定根水,种植密度 390 株/公顷。

(4)田间管理。油梨幼树期株行间可间种豆科绿肥,并在盛花期翻埋入土,增加土壤有机质,同时中耕除草。也可间种蔬菜、花生、豆类和中药材。树冠长大后,为避免中耕除草伤根,可喷草甘膦等除草剂控制杂草。

油梨是在热带雨林条件下、在竞争阳光中生长的果树,高温高湿的环境使其快速生长,通过覆盖增加表土有机质,促进能抑制根腐病活动的微生物的繁殖。故从幼树期到树体本身能通过落叶形成覆盖层和根腐病发生前,进行覆盖特别重要。在冬季开始覆盖,春天补充厚度,到夏天便能形成很好的覆盖层。根际覆盖还可减少土壤水分蒸发,减轻干热对油梨的损害,夏降土温,冬升土温,增加土壤有机质,减少杂草,防止坡地水土流失。但雨季要防止覆盖土壤过湿。

植后 1～4 年的幼树期,是油梨丰产优质栽培的打基础时期,应合理施肥,促进幼树快生速长。最好是通过土壤及叶片的营养分析来指导施肥,应重视钾、磷肥的施用。一般在春季或秋季施有机质肥。油梨对有机肥特别是有机氮反应良好,对微量元素特别是硼和锌反应也良好,可叶面喷施。酸性重的沙质土需施用钙肥。

从坐果到果实成熟,要注意保持土壤水分。若连晴 10～20 天,园地土壤开始微裂,就应及时灌溉;降雨量长期低于蒸腾、蒸发量,也应补充灌水。但灌水既要充足,又切忌过量,一般以湿透土壤为妥,若过湿,会加剧根腐病的发生发展,也降低果实可溶性固形物的含量。最好用喷灌或滴灌,若遇干旱,叶片开始卷曲时,可给树冠喷水。雨季要注意排水。

(5)采收、贮藏。油梨成熟的判断标准:果实已停止增大且已饱满;果皮从有光泽的绿色变为暗黄绿色或微红色;果柄粗大,稍呈黄色;种皮皱缩,呈深色而不是苍白色。在晴天或阴天上午露水干后采收,阳光强烈的中午或雨天不能采收,采收时应轻拿轻放,尽可能避免机械伤。

油梨以低温贮藏为宜,贮藏温度 5℃～13℃,相对湿度 85%～90%。油梨的贮藏寿命,耐冷品种为 30 多天,而不耐冷品种则只有 15 天左右。

(六)甜瓜的栽培技术

甜瓜,又名香瓜。瓜呈球、卵、椭圆或扁圆形,皮色黄、白、绿或杂有各种斑纹。果肉绿、白、赤红或橙黄色,肉质脆或绵软,味香而甜。为夏季的优良果品之一。著名的新疆哈密瓜,即为甜瓜的变种。

1. 伊丽莎白蜜瓜的温室栽培

伊丽莎白蜜瓜号称"蜜瓜之王",果实正圆球形,果皮金黄色,果肉白色,含有多种人体所需的营养成分和有益物质,是我国人民普遍喜爱的果品之一。

伊丽莎白蜜瓜的温室栽培技术要点如下:

(1)适时育苗。于11月下旬采用营养钵育苗,次年2月中旬定植。

(2)施足底肥。采用农家肥、磷酸二铵、钾肥混合作底肥,满足作物前期生长所需养分。生长期采用叶面喷肥,以氮、磷、钾肥配合使用。

(3)室温管理。苗期适宜温度在17℃~29℃,每天上午10点左右根据天气情况决定是否通风,如果室温超过30℃就要进行通风。

(4)科学灌水。定植后浇一次透水,以后根据土壤湿度情况适时灌水。果实成熟前半个月停止灌水,以防裂果。

(5)摘心。伊丽莎白蜜瓜属于攀缘植物,瓜秧长到1.5米左右进行摘心。

(6)适时采收。从定植到果实成熟约需65天,第一次采摘在6月末,以后每隔4~5天采摘1次,瓜秧生长期可维持到7月上旬。

2. 薄皮甜瓜的整枝技术

薄皮甜瓜在栽培中必须通过科学合理地整枝来调节营养生长与生殖生长的关系,才能实现高产、优质、高效的栽培目标。多年的生产实践证明,栽培薄皮甜瓜采取四蔓整枝方法较为科学合理。

薄皮甜瓜的四蔓整枝技术要点如下:

(1)一、二次摘心。甜瓜秧苗定植后,在主蔓出现5片真叶时进行第一次摘心。第一片真叶的腋芽及早抹掉,上部其余腋芽保留培养成四条子蔓。当每条子蔓伸长长出4~5片叶时,进行第二次摘心。

(2)留瓜。在每条子蔓的第一、二节位雌花出现时采取保花促果措施,每条子蔓上选留一个果形丰满、瓜柄粗壮的幼瓜留下。一般以第二节位的作为首选,其余摘除。

(3)除蔓。必须将幼瓜所在节位和前面新发出的孙蔓尽快摘除,否则极易造成化瓜。正常情况下,每条子蔓留一个瓜。若遇特殊情况,如因自然灾害、鼠害或人为损伤幼瓜造成化瓜时,则应利用该子蔓的第三或第四节位的孙蔓结瓜进行补救,不会影响产量。

(4)三次摘心。当每蔓一瓜全部坐稳开始膨大时,以每瓜前后保留10~12片健全的功能叶为标准,进行最后一次全面彻底摘心。需注意的是:每次整枝摘心应选晴天进行,避开阴雨天,防止病害入侵。

(七)蓝莓的栽培

蓝莓果实呈蓝色,接近球形,单果重0.5~2.5克,种子极小。蓝莓的果肉细腻,甜酸适度,有香气,可鲜食,亦可加工成果酱、果汁、果酒等。

蓝莓的栽培技术要点如下:

(1)建园。蓝莓栽培范围较广,可根据当地气候选择适宜品种,但干旱少雪、易受霜冻的北方地区不宜发展。选择的园地坡度要小,不宜超过10℃;土壤疏松,通气良好,湿润但不积水。园地选好后,在定植前一年结合压绿肥深翻,深度以20~25厘米为宜,深翻熟化后整地。在定植前还要对不完全符合要求的土壤进行改良,以利于蓝莓生长。

蓝莓春、秋栽植均可,以秋栽成活率高,春栽则宜早不宜晚。

(2)土肥水管理。蓝莓根系分布较浅,而且纤细,没有根毛,因此要求土壤疏松、通气良好。通常采用深耕法、生草法、土壤覆盖、除草等进行土壤管理,以改善土壤结构、调节和保持土壤湿度、控制杂草等,有利于提高产量。

肥料选择上,施氮磷钾复合肥比施单一肥料效果好;蓝莓对氯敏感,不要选用氯化铵、氯化钾等含氯肥料。高丛和兔眼蓝莓可用沟施法,深度以10~15厘米为宜;矮丛蓝莓成园后连成一片,以撒施为主。施肥在早春萌芽前进行,也可在浆果转熟期再施一次。

蓝莓根系分布浅,喜湿润,及时灌水十分必要。蓝莓灌水需要注意水源和水质,深井水一般pH值偏高,可在灌水时用硫酸将pH值调至4.5左右再灌。

(3)修剪技术。高丛蓝莓幼树期以去花芽为主,目的是扩大树冠,增

加枝量,促进根系发育。成龄树修剪主要是控制树高,改善光照条件,以疏枝为主,疏除过密枝、细弱枝、病虫枝以及根蘖。定植 25 年左右,树体地上部分已衰老,需要全树更新。矮丛蓝莓的修剪主要有火剪、平茬修剪两种。

(4)采收。矮丛蓝莓果实成熟期比较一致,且早成熟的果实也不易脱落,可待果实全部成熟后一并采收。果实采收后,清除枯枝、落叶、石块等杂物,装入容器。高丛蓝莓果实成熟期不一致,一般采收需要持续 20～30 天,通常每星期采一次。果实鲜食时要人工采摘,用于加工可用机械采收。

(八)大果型苦瓜栽培

苦瓜喜欢湿润,比较耐热,生长发育适宜温度为 20℃～25℃,开花结果期要求光照充足、根系发达、不耐渍,适宜在富含有机质的土壤中栽培。近年来一些大果型的苦瓜开始走俏市场,这类苦瓜色形味俱优,深受消费者喜爱。

大果型苦瓜的栽培技术要点如下:

(1)育苗。培养土要求疏松,透气性、保水性好,无病虫源及杂草种子。先将种子曝晒 2～3 天,后用温汤(水温 55℃～60℃)浸种 10～15 分钟,在 30℃水中浸泡 12～24 小时,搓洗后装入小纱布袋中或用湿毛巾包裹后放在 30℃恒温下催芽,经 3～4 天约有 80% 种子露白时即可播种。播种时先将配制好的营养土或专用育苗基质装盘,浇足水,再用竹片打孔点播。播种时芽尖向下,上面微露种壳,不覆土,这样氧气充足有利于种子出苗。播后浇透水,使种子与营养土充分接触,盖膜以利于保持营养土温度,3～4 天就可以出苗。

出苗后要防止幼苗徒长,及时“脱帽”并保持营养土湿润,在塑料棚、日光温室和其他设施内的苗床需通风换气。定植前 1 周适当控制水分进行炼苗。一般 20 天左右,小苗有 3～4 片真叶时即可定植。

(2)田间栽培管理。要选择排灌良好、土层深厚、3 年未种过瓜类的肥沃地块。整地原则是深耕、细耙,在做畦前先在种植地上挖深沟重施基肥,做宽 4～5 米的高畦。做好畦后覆黑色地膜或银灰色地膜。

一般选晴天下午定植,株距 1.5～2 米,每畦栽两行。定植深度以营养土面与畦面平齐为准。覆土不宜超过子叶,定植后浇透水。然后闷棚升温或每株幼苗支1个小拱棚进行保温,以促缓苗。

定植缓苗后适当控制灌水,以促进根系发育,同时注意施用苗期肥。苦瓜喜肥,不耐瘠,旺盛生长期需肥水量较大,应薄肥勤施。

大果型苦瓜一般较少有病虫害,主要病害有白粉病、霜霉病,害虫有菜蛾、蚜虫等。应在发病初期及时喷药,

(3)采收。大果型苦瓜的生理成熟较为迅速,一般花后12~15天(6月左右)即可采收,采收期可延至11月。当果实条状、瘤状突起比较饱满,果皮富有光泽,果尖颜色变淡时便可采收。过熟采收则降低品质和产量,且不适于贮运。

(九)韭菜的四季栽培

韭菜在我国不仅栽培面积大,而且历史悠久,一年四季均可栽培,是人们喜食的大众化蔬菜,常年的市场消费量较大。

韭菜的四季栽培技术要点如下:

(1)选择优良品种。四季种植的韭菜要求适应能力强,既能耐低温,又能在高温条件下正常生长。同时要求茎粗、叶宽肥厚、高产、质优、不易倒伏、纤维素含量少。目前各地常用的品种有平韭、川韭、汉中韭、马蔺韭、天津等地的刀韭、杭州的雪韭、江苏的马鞭韭等。

(2)精细整地施肥。韭菜对土壤质地要求不严格,在各种土质上均能正常生长,但以土层深厚、耕作层疏松、肥沃的土壤为好。要选择排灌方便、无盐碱或轻度盐碱的土壤种植韭菜,避免与其他葱蒜类的蔬菜连作。一般播种或移栽前1周深耕土地,耕翻前应施入优质有机肥料。为了便于灌水,一般采用畦作。

(3)适时育苗。韭菜栽培一般采用育苗移栽,直播的较少。播种时间分为春播和秋播,北方地区一般采用春播,南方各地既可春播又可秋播。春季北方地区多干旱,为了保证一播全苗,在播种前进行浸种催芽。采用撒播的方法,播后覆盖2厘米的细土,土壤干旱时要造墒播种。出苗后注意拔除杂草,土壤干旱及时灌水,当苗高20厘米左右开始移栽。

(4)及时移栽。移栽时间黄淮地区在麦收后。冬季用塑料大棚覆盖栽培的一般南北畦向,用阳畦栽培的为东西畦向,畦长15~20米;棚

(畦)之间预留1米宽的操作带,夏季可种植其他作物。移栽行距25厘米,穴距15~20厘米,每穴定植10~12株,定植深度3厘米左右。

(5)加强移栽后的管理。移栽后浇足活棵水,夏季杂草生长旺盛,要及时除草,防止杂草滋生蔓延,干旱时要及时灌水。当年移栽的韭菜如果地力肥、长势旺,为防止倒伏、促进分蘖的形成,可收割一次。进入9月份后是韭菜生长的旺盛季节,根据土壤墒情适时浇水施肥,加强病虫害防治,促进韭菜快速生长。进入10月份后停止灌水施肥,促进营养物质向鳞茎转移,促进鳞茎的膨大。酷霜过后地上部分枯死,准备进行覆盖栽培。

(6)覆盖前的管理。覆盖时间一般在12月中旬,距离春节40~50天。覆盖前清除地面的干枯韭叶,在行间施用优质有机肥料,开沟施于韭菜行间,施后浇足水,稍干后覆盖塑料薄膜。

(7)建棚(或建畦)。冬季栽培韭菜,覆盖的方式有两种:一种是塑料大棚,另一种为阳畦。塑料大棚宽6米,高1.5米,长度与栽培畦相同,南北方向,每棚覆盖3畦。阳畦东西方向,宽4米,南北墙用土或砖砌成,北墙高40厘米,南墙高10厘米,用竹竿搭成拱形,拱高1米。

(8)覆盖后管理。白天棚温控制在14℃~20℃,晚上6℃~10℃,天气寒冷、晚上温度过低,要加盖草苫防寒。韭菜露头后开始小放风,以后根据天气情况控制通风口的大小,在收割前7~10天根据土壤墒情,选择晴好天气酌情浇一次水。

(9)适时收割。春节前后植株高25~40厘米,根据市场行情可分期收割。收割时选择晴好天气,留茬不要太低。收割后进行适当通风,促进伤口愈合。此后每隔30天左右收一刀,共收3刀。进入4月份后,去掉覆盖物,进行正常的大田管理,秋季继续培养鳞茎以备来年冬春季节继续栽培。

(十)美国花旗韭葱的高效栽培

韭葱又名海蒜、洋蒜苗、扁叶葱,由于叶片、假茎、花薹均可食用,且含有丰富的碳水化合物,多代替蒜苗食用或供脱水加工后出口外销。

美国花旗韭葱的配套栽培技术要点如下:

(1)栽培环境条件。美国花旗韭葱适应性强,对土壤的要求不严,沙土、壤土和黏土上均可栽培,但以富含有机质、肥沃、疏松的沙壤土、微碱性土壤上栽培最宜。美国花旗韭葱对气候条件的要求也较宽,但耐旱、耐涝性较差,栽培地点应选择在地势高爽、排灌方便的田块种植。

(2)育苗。选择土质肥沃、排灌良好、前茬没有种植过葱蒜类作物的地块,冬前深翻冻垡,熟化土壤。播前15天将育苗地深耕耙匀,施入腐熟厩肥与土混匀后做成宽1.2～1.3米的高畦,即可播种。

种子一定要选用当年的新种子,播种前对种子进行精选,剔除破籽、瘪籽,选择饱满无病的作为种子。播前晒种8～10小时,以利于种子发芽,晒后将种子放入55℃热水中温烫浸种,消毒10分钟,捞起待播。

播种时,浇透底水,在床土具备足够墒情后均匀撒播种子,播后薄覆一层干细土,以盖没种子为度。出苗后再加盖约5毫米厚的干细土。

播后1周时间即可出苗,8天左右可齐苗,齐苗后要保持土壤见干见湿,及时除草。在3～4叶期,苗高5～6厘米时间苗,叶面喷施一次1%尿素溶液。在苗高12厘米左右时,追施一定量的尿素溶液。当苗高达到20厘米时定植于大田,定植前5～8天控水蹲苗,不断加大通风口进行炼苗,直至定植前完全撤棚。

(3)定植。苗高30厘米以上、假薹1厘米粗时,选择含有机质丰富、疏松的土壤定植。定植前耙细整平,每亩施入腐熟厩肥、尿素、过磷酸钙、硫酸钾等,与土混匀耙细。按60～70厘米行距作成高畦或高垄,在上面开宽15厘米、深10～12厘米的沟,单行,株距10～15厘米。定植后浇定根水。

(4)田间管理。适宜韭葱生长的温度为白天18℃～22℃,夜间12℃～13℃。生产上要注意及时浇水和排涝。缓苗后及时浇缓苗水,降雨后及时松土防板结,高温高湿季节注意抗旱排渍,入秋后及时浇水追肥,每隔10～15天,结合浇水每亩追施尿素10～15千克。

(5)病虫害防治。韭葱常见的病害有霜霉病和灰霉病等,根据时间和环境条件,积极搞好预防工作。

(6)采收与留种。苗高30～40厘米时即可采收,一年中可以采收3～4次。采收过程中所用工具应清洁卫生、无污染。如要采种,应采取秋播育苗的栽培方式。以幼苗越冬,翌年3月移植到大田中,注意浇水追肥。5月中旬左右抽薹,少浇水,花球形成期和开花后增大浇水量。7月中下旬种子成熟,应及时采收。

(十一)花菜的高产栽培

花菜又名菜花、花椰菜,富含维生素、矿物质,颜色洁白美观,含纤维少,味柔嫩可口。在南方,除7月高温季节外,其余各月均可生产,在蔬菜的全年供应中占重要地位。

花菜的栽培技术要点如下:

(1)品种选择。花菜品种较多,各地常以叶片颜色、叶片形状、生育期长短为品种命名的依据。品种的生育期,常因气候条件、栽培技术以及个体差异有先后。如60天品种并不是在定植后60天都可以收获的,同一田块相同品种,播种与定植时期相同,收获期一般先后相差7天左右。因此,为了便于栽培管理,品种间依生育期长短与花球发育对温度要求,大体上可以划分为早熟种、中熟种、晚熟种与四季种四种类型。

(2)土壤耕作。花菜要求土壤疏松、有机质丰富、耕作层深厚、保水保肥和排水好、肥沃的壤土或沙壤土。在保证氮、磷、钾营养元素的前提下,应注意钼、硼、镁等微量元素的供给。花椰菜需肥多,其生长期肥料不可中断,宜多用有机肥料,可畦面开沟施入,或撒施到田里再翻耕拌到泥土里。

夏秋与春季多雨季节宜采用1~1.2米宽的狭畦,每畦栽2行。冬季雨水较少,可适当宽些,1.5~2米,每畦栽3行。花椰菜叶面积与花球大小成正相关,叶丛盛大,花球肥大,栽植距离要适当。花椰菜早熟种,生长期短不可间作,中晚熟种生长期长,前期可间作,但间作时间应在定植后20~30天内。

(3)播种育苗。供一亩地栽植用的秧苗需25克种子。花椰菜播种期间,正是高温多雷阵雨季节,苗床须排水良好、通风近水源,床面搭凉棚遮荫防暴雨。床上宜采用富含腐殖质的土壤。宜适当稀播,既节约种子又利于培育壮苗。幼苗出土后,可在根部薄覆腐殖质细土一次,以便保持土壤湿度,既可减少浇水次数、增加肥效,而且能避免高温潮湿引起的幼苗猝倒。

当苗龄20来天时要假植一次,在畦面横着开沟,沟距10~15厘米,将苗根部放入沟底,斜靠在沟边,用火泥灰撒入沟中,将根部埋没。假植成活后即追施腐熟的稀薄人粪尿,促进生长。早熟品种定植时期温度尚高,为了使秧苗恢复生长,宜用营养钵或营养块护根育苗。

(4)肥水管理。花椰菜田间管理因栽培季节与品种不同有差别：

早熟种生长期短,生长前期正值高温干旱应勤施淡水肥,保持良好的肥水条件。定植初期,每3~4天施一次淡水肥。9月后,天气转凉,花球开始发育,重施追肥,促进花球肥大。7~8月间天热少雨,宜适当浇水使土壤湿润,则植株抗性强。秋后天凉,其时注意排灌,使土壤干湿得度则植株又转入迅速生长,可望所结花球大而紧实。

中熟种叶片生长期每隔10天左右追施人粪尿,连续2次,促进叶片生长。植株心叶开始拧扭时与花球露白时重施追肥2次,促进花球长大。

晚熟种冬季控制施肥,立春前后花球开始发育,则重施追肥,促使叶丛与花球生长,第二次于花球直径6~7厘米时再追。

(5)束叶盖球。当花球长到6~8厘米时,用稻草将外叶捆起,注意不要捆扎得太紧,以免影响花球生长。在多雨的季节,为防止因捆扎后花球积水引起腐烂,可将外叶向内弯折,使叶片盖在花球上,注意叶片弯折不能断掉,叶柄仍有部分连着,使叶片继续保持绿色活力。

(6)采收。花菜的采收标准是：花球充分长大,表面圆正,边缘尚未散开。花菜采收时在近花球要保留4~5张叶片形成一圈,包住花球,以免在运输过程中花球受到损伤,不利于保持花球的新鲜柔嫩。

(十二)春莴笋的栽培

春莴笋具有耐寒、适应性强、抽薹迟的特性。莴笋即茎用莴苣,其地上茎肉质脆嫩,味鲜美,可炒食、凉拌、余汤、腌制等,是消费者喜食的蔬菜佳品。

春莴笋的栽培技术要点如下：

(1)选用适宜品种。应选用耐寒、适应性强、生长快、抽薹迟的品种,如耐寒白叶尖、白叶、耐寒二白皮、苦荬叶等品种。

(2)适期播种,培育壮苗。春莴笋大棚育苗播种期大约在1月至3月,露地播种在3月下旬。可分期分批播种,选干燥、背风向阳的地块或大棚作苗床。在播种前5~7天施用腐熟的有机肥作基肥,然后深翻,整平整细,覆盖薄膜。选晴暖天气的上午播种,可播发芽籽,也可播湿籽。播种后覆土0.3~0.5厘米,并盖严塑料薄膜,提高温度,在夜间加盖遮阳网或草苫保温,以利于出苗。露地育苗则加盖小拱棚。在幼苗出土前,遮阳网等覆盖物可以适当晚揭早盖,不通风,提高床温,加快出苗。

幼苗出土后,须适当通风,白天保持床温12℃～20℃,最高不超过22℃,夜间5℃～8℃为宜。还要及时间苗,2～3片真叶时进行第二次间苗,留苗距4～5厘米。移栽前5～6天,白天应适当加大通风,进行炼苗。

(3)及时移栽,合理密植。选择符合无公害蔬菜生产条件、排水条件好的土壤,施一定量的腐熟有机肥。施肥后深翻整平,做成1.2～1.5米宽的高畦。起苗前,先将苗床浇水,以减少起苗伤根。苗龄以25～30天为宜,从苗床选5～6片叶的健壮大苗带土拔出,按行距27厘米、株距20厘米栽植。栽植深度以埋到第一片真叶叶柄基部为宜。栽完后浇压蔸水,地膜覆盖者注意先盖好地膜。

(4)加强管理。促早熟丰产采用地膜栽培者,底肥一次不足,注意雨天排水,并搞好病害防治,一般不需浇水追肥,可比露地栽培提早15天以上收获上市。大棚和露地栽培者,一般要注意加强肥水管理。同时要选晴暖天气,中耕1～2次,并施肥促进根系发育。要视土壤干湿和生长情况及时选晴天浇水追肥,前期要淡粪勤浇,春季地温低,不宜多浇水,以免降低地温,影响植株生长。前期畦面保持见干见湿,莲座叶长成、植株已基本封垄、嫩茎开始肥大时,可以嫩株上市。

(5)适时收获。如以食叶为产品,可在茎充分肥大之前随时采收嫩株上市。如以茎为产品,则应在莴笋顶端与最高叶片的尖端相平时为收获适期,这时嫩茎已充分肥大、品质好。

(十三)高效蔬菜水芹的栽培

水芹菜种植技术不复杂,产量高而稳,病虫害少,是天然无公害食品,受天气条件影响不大,是一种很好的补缺度淡的蔬菜。

水芹的栽培技术要点如下:

(1)适宜气候。水芹喜欢温暖湿润的气候环境,适宜的生长温度为15℃～25℃,怕严寒和酷暑。

(2)用水管理。水芹终年生长在浅水田中,怕干旱,灌溉水要求清洁流动。水芹池开挖深度1米左右,苗期要求湿润,长到15厘米以后,随水芹的生长不断加水,注意不要淹到新叶。

(3)适度日照。水芹要求有充足的阳光和短日照,但要注意光照不能过强,否则会影响产品品质。

（4）及时采收。伏水芹生长期35～40天，若生长期过长，品质会下降，因此要及时采收。采收时将水排放到5厘米以下，挖起水芹，捆把上市。水芹品质柔嫩，不耐贮藏，要随采随卖。在生产安排上要分批种植、分期采收，以延长供应期。

（5）病虫害防治。水芹的病虫害以腐烂病和蚜虫为主，应及时防治。

（6）套种增效。为提高水芹田的亩效益，可与茭白、莲藕等作物套作，亩收益可达万元左右。

（十四）春扁豆的栽培

春扁豆为人工杂交一代白扁豆，极早熟，产量高，品质佳。从移栽至初收45～50天，可连续采收6个月，由于其病害少、抗旱、不需复杂管理，故栽培春扁豆较为省工，俗称"懒菜"。

春扁豆栽培技术要点如下：

（1）搞好轮作。扁豆最忌连作。扁豆连作不仅会造成当年病虫害严重、扁豆减产甚至无收，而且更为严重的是扁豆收获后，田间会大量残留病虫源，增大来年病虫源基数。一般与非豆类作物轮作2～3年，以后再种时应搞好土壤消毒。

（2）整地施肥。种植扁豆的田块，直播或移栽前，要认真清理前茬残留物，并进行整地。耕地深度达到30厘米，晒田1～2天，耙平后每亩施优质腐熟农家肥、碳铵、过磷酸钙、草木灰等作底肥。然后耕深耙细，达到田平土碎、土肥融合。

（3）适时播种。一般在3月中下旬播种。宜选用耐寒、耐热、丰产、抗逆性强、结荚早而多、品质优的上海小白扁豆、红筋扁豆、极早翠绿扁豆等。采用营养钵育苗移栽，每钵播种子3～4粒，并盖好土，然后盖小拱棚膜。白天棚温保持在15℃～25℃、夜间12℃～18℃，待齐苗后揭膜以防形成高脚苗。苗龄达到15～20天即可移栽。

（4）合理密植，适龄定植。早熟品种，一般做畦宽120厘米，株距35厘米，双行种植，每穴留双苗。当营养钵育苗的苗龄达到15～20天即可定植于大田。中晚熟品种，一般做畦宽150厘米，株距45～55厘米，双行种植，每穴留双苗（也有单行种植的，其株行距为85厘米×35厘米，每穴双苗）。

(5)合理追肥。在施足底肥的基础上,首先要施好提苗肥,根据苗情可施肥1～2次。开花后,每隔7天喷1次磷酸二氢钾,具有明显的增产作用。另外,硼肥能提高扁豆的结实率,钼能增强根瘤菌的固氮作用,可适当喷施。

(6)及时浇水。扁豆苗期需水较少,一般降水可满足其需要,不需要再浇水。开花结荚期,若遇到干旱,要及时灌跑马水,畦面湿润后进行排水,以防水渍沤根。遇到阴雨天,要及时清理垄沟,达到雨停田干。

(7)搭架、整枝、打顶。当扁豆苗长到25厘米高时及时搭"人"字架引蔓上架。早熟品种密度大,其整枝要求早而多次。当主蔓长到5～6片叶时摘心,促生子蔓;子蔓长出2～3片叶摘心,促生花序;当孙蔓长出4～5片叶时摘心,促生花序、结荚和生新蔓。中晚熟品种,因植株高大,其整枝摘心显得尤为重要。当植株长到180厘米高时,进行整枝摘心,侧枝达到150厘米高时摘心,并摘去无荚的侧枝,促下部多发侧芽,多开花多结荚。进入结荚盛期,要剪去下部老枝、老叶,若出现疯长,要剪去相对弱的苗,以利透光通风,以延长采收期。

(8)采收。春季扁豆生长较快,一般开花到鲜荚成熟需18～20天。鲜荚成熟后要及时采收,每2～3天采收一次。

(十五)生菜的高产栽培

生菜富含水分、维生素及各类矿物质,含热量低,生食清脆爽口,特别鲜嫩,具清热、消炎、催眠作用,备受人们喜爱。

生菜的高产栽培技术操作要点如下:

(1)品种选择。生菜品种很多,经对比观察认为:秋冬播种,特别适宜选用结球性品种。因秋冬季雨水较少,空气相对湿度较低,结球品种的叶球结实,不易裂球、烂球,商品价值较高。春夏季播种,雨水多,相对湿度高,结球品种虽也能结球,但叶球小且疏松,也易烂球;而不结球品种如玻璃生菜、奶油生菜等,生长势好、烂叶少,产量高且稳定。

(2)播种育苗。生菜喜冷凉,忌炎热气候。种子发芽差,宜先用冷水浸种,用洁净纱布包好,置于冷凉处催芽。在农村可将种子悬吊在水井内离水面约15厘米处3～4天,即可使发芽良好。生菜种子细小,播种前混合细沙或草木灰,有利于播种均匀。播种后盖土约1厘米,或用齿耙略耙动,使种子入土。为防雨水冲刷,薄盖碎稻草或松叶后喷水。

(3)整地、施基肥。选择排灌方便、肥沃的沙质土壤的园地种植。畦面宽 1.2 米,沟宽 40 厘米,畦高 20～30 厘米。将腐熟有机肥、复合肥与土壤充分拌匀后栽植。雨季栽植,畦面呈龟背形,有利于及时排水,防止烂叶、烂株。

(4)栽植。播种后 30～40 天适合移植。略带泥土、少伤根,移植较易成活,恢复生长较快。株行距依栽培季节而异,以(20～30)厘米×(30～40)厘米为宜。选择阴天或下午 3 时后栽植成活率高。栽后及时喷水,每天 2～3 次,连续 3～4 天。以后宜用小水勤浇。夏季栽植,宜搭棚遮荫。或套作于瓜豆架下,也有遮荫降温效果。栽植后 10～15 天揭除遮荫材料。

(十六)蒜苗的多层架床栽培

蒜苗,有的地方也称它为青蒜,是大蒜幼苗发育到一定时期的青苗,常被作为蔬菜烹制。蒜苗有良好的杀菌、抑菌作用,能有效预防流感、肠炎等因环境污染引起的疾病。

北方冬季在大棚温室搞蒜苗多层架床栽培,投入少,见效快,且简便易学。蒜苗多层架床栽培技术要点如下:

(1)搭设架床。架床的位置分 3 个部分:温室的前部和后部较矮,可搭 2 层架床,中部较高,可搭 3 层架床。每道架床间距为 80 厘米。架床用料有木杆、秫秸、旧塑料薄膜、铁丝和少量红砖等。第一层距温室地面 10 厘米,砌几道 6～7 厘米宽的墙,每道墙距 1.2～1.6 米,然后用木杆搭成 1～3 米宽(长不限)的床架,木杆间距以 20～30 厘米为宜。床架搭完后上面铺一层旧塑料薄膜(用于保水),膜上覆盖 6 厘米厚的沙壤土,将土拍实。第二层在第一层的基础上,距第一层 80～100 厘米高用木杆绑架框,床宽 1 米,床架绑好后铺上 6 厘米厚的秫秸,秫秸上铺一层旧塑料薄膜,膜上覆盖 6 厘米厚的沙壤土,将土拍实。第三层距第二层 60 厘米高处用木杆绑架框,床宽 80～90 厘米。床架绑好后,铺上 6 厘米厚的秫秸,秫秸上铺一层旧塑料薄膜,膜上覆盖 6 厘米厚的沙壤土,将土拍实。

(2)栽培管理。选用头大、瓣多、休眠期较短的大白皮品种。用较大容器装蒜,加 20℃的水浸泡 30 小时,使蒜头吸水膨胀;泡透后捞出沥水闷一闷,再挖掉茎盘。摆蒜时越紧密越好,蒜之间的空隙用散蒜填充,蒜

摆完后覆盖 3 厘米厚的细沙土,然后拍实,隔 3 天再拍一次。

蒜苗浇水,用水温度不得低于 15℃,最好用 20℃的水,以免降低架床温度。生长前期(栽蒜后)浇大水,生长中期(苗高 15～16 厘米)浇中水,生长后期(收割前 4 天)浇小水。

要保持温室膜面清洁,提高透光性。栽蒜后,白天温度控制在 24℃～26℃,夜间温度控制在 20℃～22℃;苗齐后,白天温度控制在 22℃～24℃,夜间温度控制在 18℃～22℃;苗高 15 厘米时,白天温度控制在 20℃～22℃,夜间温度控制在 16℃～18℃;收割时,白天温度控制在 18℃,夜间温度控制在 14℃～16℃。

(3)适时收割。当蒜苗长到 35 厘米、苗叶稍有倾斜时,应及时收割。架床蒜苗栽后 20 天可割第一刀。割第一刀后,待苗根刀口愈合长出新苗再浇水,20 天后苗长到 30 厘米时割第二刀。

(十七)芦笋的丰产栽培

芦笋又名石刁柏,是高档营养保健蔬菜,被誉为"蔬菜之王"和"世界十大名菜之一",加工成罐头、营养品,是出口创汇的"黄金产业",市场紧俏,价格高昂。

芦笋的栽培技术要点如下:

(1)品种选择。根据芦笋生产的要求,芦笋品种应具有色泽深绿、笋尖紧密不易散头、嫩茎形态好、不易弯曲、畸形少及抗病虫害能力强等特点。

(2)播种育苗。大面积栽培都用种子播种,播种适宜期以芦笋生长 5～6 月份为定植苗标准推算。春播用保护地育苗于 2 月下旬播种,露地 4 月份播种,秋季 8～9 月份播种。苗圃宜选灌排水方便、通气良好的沙质土壤,苗圃地施上腐熟厩肥,然后翻耕入土,并加尿素、过磷酸钙、氯化钾等,施入土内与土充分拌和,做成苗床。在畦面每隔 40 厘米开横向播种沟,深 2 厘米。每 7～10 厘米播种子 1 粒,覆 2 厘米厚细土层,畦面覆盖稻草,充分浇水,保持潮湿,然后用小拱棚覆盖。当苗高 7～10 厘米时,每 10 天追一次肥。苗期要定期喷洒药液以防病害,并及时中耕除草。

(3)栽培要点。大田定植前深耕田块,施上腐熟堆厩肥,翻入土中,地面整平后做畦,在畦中央开挖定植沟。在定植沟内亩施厩肥、过磷酸钙、尿素、氯化钾,充分拌匀,覆土踏实。春季或秋季进行定植,株距 30～

40厘米。定植时要使根系舒展,覆土5~6厘米,拍实浇水,待成活后再分次覆土,填没定植沟。

(4)合理施肥。遵循"以农家肥为主,有机无机相配合"的原则,严禁使用未腐熟的农家肥,有条件时施用生物菌肥最好。年施用肥共分3次:第一次催芽肥,3月底采笋前进行;第二次复壮肥,在5~6月采笋结束后进行;第三次秋复肥,在8月份立秋以后进行。

(5)适时灌水。芦笋为喜温耐旱怕涝的作物,要重视及时浇水,以保持土壤的墒情。一般年生育期需浇6次水,3月份起垄前、采笋中途、撤垄后、三伏天、立秋后、越冬时各一次。

(6)中耕除草。采用人工除草或机械除草,严禁使用各类除草剂。每次灌水后,乘时保墒,及时中耕一次,保持植株根系附近的土壤疏松无龟裂,增加通气,减少蒸发。

(十八)芫荽的无公害高产栽培

芫荽,又名香菜、胡荽、香荽等。芫荽品质好,一般无病虫害,不需药剂防治,是典型的无公害蔬菜,春、夏、秋、冬皆可露地栽培,为提高经济效益也可冬季保护地栽培。

芫荽的无公害高产栽培技术要点如下:

(1)选地。地块选择应避免重茬,要在3年内未种过芫荽、芹菜的地块上种植,以防发生株腐病(又称死苗或死秧)等土传病害。

(2)浸种催芽。将芫荽种子搓开,用15℃~20℃的清水浸种12~24小时(中间更换一次水),捞出后控出多余水分,稍晾一下,装入湿布袋里,每袋装入0.5千克左右,然后放入地坑中催芽。寒冷季节催芽,要在棚内或不冻土的地方挖坑。坑底铺上一层麦穰草,将装有种子的湿布袋置于坑内,上面盖一层细软草,然后用塑料薄膜将坑口盖严,薄膜上再盖草遮荫。在催芽过程中,每天将种子取出用10℃~20℃温水淘洗一次。

(3)整地施肥。选择阴凉、土质疏松、肥沃、有机质含量丰富的沙壤土,深耕后晒畦,施入腐熟有机肥、过磷酸钙、复合肥,整成宽1.2~1.5米的畦。

适期播种施肥后翻耙2~3遍,使肥土混合均匀,压平畦面后先撒一层过筛土或陈腐煤灰,浇足底墒水,水渗后随即撒播种子,播种后盖

0.5～0.8厘米厚的细沙。播后7～8天幼苗出土,幼苗初期生长缓慢,播种以后应维持土壤湿润,防止土壤板结,以利发芽。芫荽出苗后3～4天小水灌浇一次。寒冷季节在保护设施内育苗,要及时防晴日午间高温并每日轻洒一遍水。

(4)管理与采收。田间管理和采收芫荽幼苗期浇水不宜过多,3～4天浇1次为宜,苗高3～4厘米中耕除草及疏苗,保持株行距5～8厘米。植株封地后,加大灌水量,同时追肥1～2次。生长旺盛期必须加强水肥管理,保持土面湿润。施肥以速效性肥为主,结合浇水淋施芫荽病虫害少,一般不喷洒农药。

幼苗出土30～50天、苗高15～20厘米时即可间拔采收,每采收1次追薄肥1次。

四、花草种植

花草种植对于丰富和美化人们的生活、改造人类的生存环境有着不可小视的作用。此外,种植花草一般都简单易行、省时省力,前景广阔,而且能够在短时间内就见显著经济成效,是广大农民朋友发家致富的不错选择。

(一)名贵花木的嫁接

时至今日,名贵花木已经成为人们生活中不可或缺的一部分。它们不但能美化环境、陶冶性情,而且成为人们寄托情感的一种"艺术品"。由于名贵花木人格化,无情变为有情,因此在特定的数字和文字中有着特殊的含义,令人回味无穷。于是,人们对名贵花木的栽种也越来越多,名贵花木也越来越频繁地走入了寻常百姓家。

下面重点介绍几种名贵花木的嫁接方法:

(1)梅花。可用梅子、山桃、李子树作砧木,采用枝接、芽接法嫁接。枝接在春季进行,芽接宜在夏季进行。

(2)丁香。可用小叶女贞作砧木,采用劈接、芽接法嫁接。劈接在春季进行,芽接在夏季进行。

(3)桂花。小叶女贞、大叶女贞、水蜡树等都可作为桂花的砧木,可采用切接或靠接法嫁接,春、夏季均能进行。

(4)扶桑。用紫木槿作砧木,春、夏季采用枝接法嫁接。

(5)樱花。可用山樱为砧木,用切接、芽接法嫁接。切接宜在春季进行,芽接宜在夏季进行。

(6)珍稀山茶。可用普通品种的山茶、油茶作砧木,在春季采用切接法嫁接。

(7)蟹爪兰。可用仙人掌等作砧木,采用平接或劈接法,于春、夏、秋季嫁接。若在室内,冬季亦可进行。

(8)西府海棠。可选用野海棠、苹果树等作砧木,采用枝接或芽接法嫁接。枝接宜在春季进行,芽接宜在夏季进行。

(9)碧桃。可用毛桃、山桃作砧木,采用芽接或枝接法嫁接。枝接在春季进行,芽接在夏季进行。

(10)蔷薇。可用野蔷薇作砧木,在秋季用切接或芽接法嫁接。

(二)一串红栽植

一串红,别名爆竹花、炮仗红、撒尔维亚,原产于南美的巴西。一串红为多年生草本植物,品种很多,有一串白、一串紫、矮生一串红、丛生一串红等。

一串红的栽培技术要点如下:

(1)整地。整地同时要施一定量的有机肥作底肥,浇一定量的水,湿度不要过大,否则会使植株缺氧;也不要让植株缺水,不然也会使叶子变黄。

(2)施肥。露地栽植的要施2次有机液体肥料,第一次在摘心以后,第二次在花蕾孕育期,适当施些磷肥,促使花枝繁茂。

(3)摘心。整个生长期间需要摘心2次,第一次在小苗从棚室移植到露地后10天,目的是促发侧枝。露地第一次移栽株行距保持20厘米×20厘米,待枝丛互相交接后,结合第二次移植(株行距30厘米×30厘米)进行第二次摘心。如果是露地盆栽,可在7月上旬至8月上旬把已开花的地栽苗带土坨移到盆中,为了防止由于伤根太多而致叶片萎蔫,在上盆的同时进行摘心。8月25日至9月1日再摘心1次,以后不再摘心。

(4)水肥管理。一旦上盆后,要每天浇水,施带磷肥的有机液肥至少

2次。如果是不上盆而带土坨的,土坨里要施肥,以使其生长繁茂、花期长,从而提高商品质量。

(5)采种。由于一串红果实是小坚果,容易脱落,要采取随成熟随采收的方法,不要集中采收。在一个花序里,取中部一朵小花产生的种子较理想,采下后要晾干后保存。

(6)病害预防。一串红苗期病害主要有猝倒病、疫病、灰霉病等。苗床要尽量选择平坦而干燥的地块,苗床土要消毒,注意通风透光,高温多雨季节注意排水倒盆。必要时可喷一些药剂防止病害的发生。

(三)非洲菊的栽培

非洲菊又名扶郎花,株高 30～40 厘米。通常四季有花,以春、秋季最盛。花有红、橙、粉、黄、白、玫瑰红等颜色。主要用途为切花,也可用作盆花。

非洲菊的栽培技术要点如下:

(1)对环境条件的要求。喜冬暖夏凉的气候条件,不耐寒,忌炎热,要求空气流通、阳光充足的环境。疏松、肥沃、排水良好的微酸性沙质壤土生长较好。在长江流域塑料大棚覆盖越冬,华南地区、广东、深圳等地可露地越冬。

(2)品种和繁殖方法。非洲菊的品种很多,主要有橙黄色品种、粉红色品种、大红色品种、黄色品种等。

种子易丧失发芽力,采收后应立即播种。播种后注意遮荫,保持 20℃～25℃,10～14 天发芽,2～3 叶期分苗移栽。分株繁殖一般在 4～5 月第一批盛花后进行。分株时将 2 年以上的带不定芽的植株从母体上切出,栽植于新的畦床上。

(3)栽培管理。非洲菊根系发达,要求土层深厚疏松的土壤。生长期间忌水湿,一般进行垄栽,垄高 30 厘米左右,株行距为 30 厘米×30 厘米,每垄栽 4 行。移栽时幼苗不宜栽植过深,应露出根茎,防止根茎腐烂。最适宜的生长温度为 20℃～25℃。冬季保持 12℃以上可陆续开花,10℃以下进入休眠状态。天气干旱时及时浇水,注意水不要超过垄面,防止大水漫灌。在生长开花季节,北方地区,每间隔 15～20 天追施一次速效氮肥;南方地区,每间隔 7～10 天追施一次稀的液肥。

非洲菊的主要病害有根腐病(立枯菌和镰刀菌引起)、白粉病、锈病等,害虫有蚜虫、红蜘蛛等,可用杀菌、杀虫剂防治。

(4)花期控制。为了促使冬、春季节开花,可于 10 月上旬将露地植株带土球移入温室内,保持室温 12℃以上,每 10 天左右施一次肥料。

(四)耐寒丰花月季的栽培

耐寒丰花月季,色彩娇艳奇丽、花量大、花期长、抗寒性强、管理粗放,适于高速公路、城市街道及城乡美化、香化。

耐寒月季的栽培技术要点如下:

(1)栽培规格。栽植的株行距一般为 40 厘米×50 厘米。为了便于日常管理,每畦以栽 2 行为宜,畦宽 40 厘米,每亩约栽 3400 株。

(2)幼苗修剪。月季最好是随挖随栽。栽种前,对幼苗进行 1 次修整,剪除病枝、干枝、弱枝及损伤根和过长根。

(3)埋根拂土。栽植时将植株放入穴内,轻提、覆土、灌水,使土壤充分湿透,最后将穴内泥土添满踏实。

(4)日常管理。月季的根部土壤要保持湿润,浇水的次数与时间应根据气候条件具体掌握,坚持不干不浇、浇则浇透的原则。浇水时间最好是清晨或下午近黄昏时。

早春月季萌发前,宜施 1 次无机肥料,促进早期生长。生长季节每月追肥 1 次,做到薄肥多施、肥力均匀。

月季从春天萌芽到初冬休眠,每次花期前后,都要适当进行修剪。对新栽的幼株,当开春第一次形成小花蕾时,应及时摘蕾,促其积累养分发枝发棵,以后每次花谢后剪除残花。冬剪以强剪为主,在距基部 3~6 厘米处全部剪去,只在主枝基部保留 10 个左右的芽眼。

(五)满天星的种植

满天星又称孔雀花,为常绿灌木类花卉。满天星的分枝多、开花密,如孔雀开屏一样,花朵呈粉红色,一年四季花开不断,可在大多数城市绿化布景,同时也是不可缺少的切花品种,市场前景广阔。

满天星的种植技术要点如下:

(1)选地整地。选用排水良好田土,清除杂草,翻挖 2 次,对土质较贫瘠的土壤施一些农家肥更好。采用宽 2.5~3 米、长度不限厢式栽培为好,并打碎土粒,整平土面,以便管理。

（2）栽培规格。选用苗床株高 15 厘米左右小苗,2～3 株为一丛,按 20 厘米×30 厘米株行距移栽,稍栽深一些有利根系增多。选阴雨天或晴天下午移栽好,栽后浇水保湿,一般 3～5 天就会重发新根。

（3）合理施肥。以后根据天气情况,结合浇水施 1％～2％尿素或复合肥溶液,有利于快速生长。

（4）修剪整形。根据树形和生长高度加以修剪,增大冠径,一般 6～8 个月时间可长成株高 30 厘米左右大苗,可用于绿化工程使用。

（5）防治虫害。生长季病虫害少,在幼苗期如发现蚜虫为害叶片,可使用一次敌敌畏 800 倍液杀灭。

（6）繁殖方法。该品种生命力特强,生根快,耐长途运输移栽,成活率达 95％以上。繁殖一般采用扦插繁殖,在春季将植株新枝剪下 10 厘米左右,3～4 根为一丛扦插在沙床里喷水保湿、遮阳,大约 15 天生根,再培育 20 多天时间移栽到土壤中,待培育成大苗出售。

（六）水仙球的培养

水仙为多年生草本花卉,是我国传统的名花,深受人们的喜爱。水仙花香浓郁、价格低廉、容易培养,是很多家庭和单位冬季常养的花卉,水仙球的培养市场容量较大。

水仙球的培养技术要点如下：

（1）水仙球的选择。目前我国的水仙类型有漳州水仙、崇明水仙和舟山野生水仙等。漳州水仙为福建省漳州地区栽培的水仙,鳞茎肥大形美,易出脚芽,且脚芽均匀对称、花芽多、花香浓,为我国著名的水仙品种。崇明水仙为上海崇明地区栽培的水仙,鳞茎较小,鳞片紧密而薄,不易出脚芽或出脚芽不匀称,花葶较少,花香较淡,也是我国的著名品种。浙江舟山地区的野生水仙品种,形态介于前述两类之间。雕刻造型一般选择漳州水仙,一般培养可以选择漳州水仙或崇明水仙。

（2）建立水培畦。大规格培养水仙球一般在温室（大棚）内进行。培养之前,在地面上挖宽 1.5 米左右的畦,畦埂宽 20～30 厘米,畦要求平整,畦底覆盖整幅、无破损的厚塑料薄膜。

（3）水仙球的培养。经过培养的水仙正常情况下 40～50 天即可开花,水仙球的培养时间在春节前 1 个月左右。选择优质的水仙球,剥掉鳞茎上褐色的表皮,去掉根部的护泥和枯根,将水仙球整齐地排放在培养畦里。水仙球排好后,白天在畦面上放 2～3 厘米深的水层,晚上排干水层,防止烂根。水仙球生长的适宜温度为 12℃～15℃,为延长开花时间,开花期间可以降到 10℃～12℃。水仙培养期间需要充足的阳光,在正常生长情况下不需要遮荫。水培期间一般不施肥,如果叶片发黄,可以喷施 1% 左右的尿素溶液。当花茎抽出后就可以装盆。从畦中取出水仙球茎,直接摆放在花盆内,加入水和鹅卵石或石子直接出售。

(七)草皮的栽培

城市绿化离不开草皮,公园、大型公众活动场所离不开草皮,体育场地离不开草皮,草皮对于城市建设和环境改善起到至关重要的作用。随着我国城市化速度的加快和城市建设规模的不断扩大,种植草皮有着广阔的市场。

草皮的栽培技术要点如下:

(1)品种选择。常见的草皮品种可分为冷季型和暖季型两大类。冷季型常用的品种有高羊茅、多年生黑麦草、草地早熟禾、细剪股颖、匍茎剪股颖、紫羊茅等。暖季型常用的品种有地毯草、钝叶草、斑点雀稗、假俭草、结缕草。

(2)地面整理。种植草皮对土壤的要求不高,各种土壤均可种植,但为了切割方便,一般选择黏度适中的土壤较好。选好田块后首先清除地面的杂草、树木、石块等,进行耕翻、耙细、整平,达到表土细碎的标准。在整地时应注意保持土壤的疏松度均匀,防止草皮形成后高低不平,影响切割和草皮的重新摆放。为便于田间管理,在整地的同时要做好田间排灌工程。

(3)草皮的建植。草皮的建植方法有种子建植和无性建植两种方法。除草地早熟禾和匍茎剪股颖的个别品种外,大部分冷季型草皮均可用种子建植。暖季型草皮草中的假俭草、雀稗、地毯草和狗牙根均可用种子建植,但通常采用无性建植。

种子建植的播种期只要种子能发芽,四季都可以进行,但一般选择在适宜发芽和草皮生长的季节进行。暖季型草皮草最适宜的播种时间是夏末,冷季型草皮草播种期则在晚春和初夏之间。播种量由于各种草皮草种子的千粒重不同,相差很大。将种子均匀地撒在地面上,随即耧

耙表土,使种子与土壤均匀地混合,并保持不要超过 6 毫米的深度。播种后压实土壤或进行覆盖,保证出苗率。

无性建植是将现有的草皮分开,分散栽植到田间的方法。无性建植方法很多,常用的有点铺法、蔓植法、广插法等。

(4)草皮的管理。当草皮长到一定高度后就要进行修剪,草皮修剪用专用的机器。修剪高度,品种之间和不同用法的草皮之间有差别,一般 2~5 厘米。修剪次数,在生长旺盛的夏季每 2~3 周一次,春秋季节修剪次数较少,冬季基本上不进行修剪。

为了加快草皮的形成速度,出苗后或栽植后开始施肥,施肥种类以速效氮肥为主。同时要搞好杂草的防除及病虫害防治。还要加强排灌管理,做到旱能灌、涝能排。

(5)草皮的滚压。为了增加草皮草的分蘖和促进匍匐茎的生长,缩短节间,增加密度,保持草皮平整,必须对草皮进行滚压。滚压时间在春夏生长季节进行,无性建植的草皮在建植后就要滚压,滚压次数每月 1~2 次。新建植的草皮用 50~60 千米的滚轮,建成后的草皮用 200 千米的滚轮。

(6)草皮的切割。草皮的切割应从早春切割设备能进入田间作业时开始,到入冬前土壤冻结为止。切割时土壤湿度适中,过湿会增加草皮重量而导致运输费用的增加,还会带来草皮管理上的问题,过干则增加起草皮的阻力,降低草皮的质量。

草皮的厚度对于草皮的再生产、铺设和销售均有重要影响。草皮切割的厚度取决于草种、床土的平整度、土壤类型、草皮密度、地下茎的数量及根系的发育状况。

草皮的大小一般为 33 厘米见方的正方形,每平方米切割 9 块,切割好后每 5 块一沓,用草绳捆扎好进行运输。也可以用切割机把草皮卷成捆运输。

草皮的运输时间一般不要超过 48 小时,在运输途中要注意保湿和通风,防止运输途中草皮失水和发热,造成草皮死亡。

(八)花卉的盆栽

花卉是一种文化性很强的消费品,是具有一定观赏价值和特定文化含义并能够满足人们精神生活需要的特殊商品。现在,花卉业已渐成为一种新兴产业,是许多人的主要致富之路。

几种尚属少见的花卉盆栽新技术如下：

(1)无土栽培。无土栽培在发达国家已经普及，而在我国刚刚起步。由于无土栽培具有卫生、洁净、管理简便等优点，还能满足花卉种植的出口要求，因此必将得到很快发展。无土栽培一般要求有专门的营养液和配套容器，既可以采用水培的方式，即用透明的玻璃容器栽种植物，以观赏植物的全貌（包括飘逸的根须之美），又可以采用基质栽培的方式，放置各种色泽的基质（如蛭石、煤渣、海绵等）固定植物，增加盆栽植物的观赏价值。

(2)混合种植。在同一盆缸中种植几种不同的植物，有主有次，富有主体感，这种栽种方式能使盆栽植物充满生机，更加美观耐看、富有魅力。在混合种植时要注意植株的株形、叶形及色彩搭配，并要与不同造型的容器合理配置，以充分展示混合种植的优点。混合种植也包括复合容器种植，即用大小不同的容器栽种植物，只要配置得当，就可使表面上看不见容器之间的空隙。

(3)造型组合。除了在同一花盆中种植不同的植物外，还可采取造型组合的种植手法在同一花盆中栽培同种植物，通过对植物的巧妙处理，使它们合理地搭配起来，从而产生意想不到的艺术情趣和审美韵味。如将发财树3～5株螺旋式地扭在一起，开运竹（富贵竹）截成小段捆成圈堆成圆塔形，巴西木2～3根组合栽种，龟背竹、喜林芋、黄金葛图腾柱式栽培等。

(4)瓶景或景箱种植。用各种规格造型的玻璃瓶将植物栽种在封口的瓶中，可形成一个生态小景观，富有诗情雅趣。这种瓶养的蕨类、文竹、豆瓣绿、冷水花等柔小植物可成为案头装饰。而使用封闭、半封闭式景箱可种植一些湿度要求高的观赏植物，景箱内可放置一些茅舍、亭台、小桥、动物等小工艺品，或者使用开放式景箱种植原产干旱地区的仙人掌类、多肉多浆类植物。

(九)花木的扦插技术

扦插是花卉繁殖中最常见的方法之一，它具有繁殖速度快、插条易采集、遗传性状变化小、管理方便等特点。

花木的扦插技术要点如下：

(1)做好扦插床。扦插穗条的床上必须干净无菌、不板结、较疏松。

做好 1～1.5 米宽的插床后,将无草和石块的冲积土或挖取地面 20 厘米以下的黄心土打碎过筛,与干净的细河沙拌匀,铺在插床上,厚 6～10 厘米(根据插条长短增减)。用高锰酸钾液浇透扦插层消毒备用。

(2)采剪穗条。各部位的枝条扦插成活率不一样。一年生苗木上的枝条成活率高于多年生树上的一年生枝条;花木基部萌芽条高于上部枝条;一年生枝条高于已木质化枝条。因此,花木扦插用枝条,最好选用幼树上的一年生半木质化枝条。

插条一般长 10～20 厘米,2～4 芽,剪去下端 2 片叶,留上端 1～2 叶,太嫩的梢条不用;短穗扦插的插条长 5 厘米左右。剪时要用利剪、利刀,使剪口平滑不破裂。下端切口在芽下 1 厘米左右。剪后整数成捆,把下端浸入选用的生长素药液中处理。

插条下端浸入药液中深度为 2 厘米左右。

(3)扦插时间。扦插以春插、夏插、秋插为主;又分硬枝扦插和嫩枝扦插。春插时间在 2～4 月,采上年枝条、萌芽条扦插;夏插一般在 5～6 月,采当年发出的半木质化的嫩枝条、萌条扦插。

(4)扦插方法。根据插条长度和地上地下长度,一般落叶花木宜深插,常绿花木浅插。插条下端插在消毒过的插层土内,离下层土壤 1～2 厘米,这样切口不易感染病菌腐烂,生根后易长入下层肥土中。插时要用与插条粗细一般大小的竹签或木条先打洞,将插条轻放入洞中,然后压紧土壤,使插条与土壤紧密接触,并整平插床。

(5)插后管理。嫩枝扦插和难生根的花木要搭荫棚。荫棚高 1.8～2 米,以方便人在棚内行动为宜。棚下每床盖拱形薄膜。如条件有限,也可不搭棚,直接用黑色塑料布搭成拱形覆盖。

关键是扦插条土壤湿度管理和扦插初期温度调节。土壤太湿、积水易发病,温度高和土壤干燥时插条易枯死,特别是夏季高温和嫩枝扦插更要注意天天浇水降温保湿。除注意土壤保持湿润外,还要注意叶面和薄膜面上喷雾降温。同时,严格注意病害和虫害的预防和治理,并及时除草。

一般扦插 15～30 天生根,根系长 2～3 厘米时基本成活。长至 5 厘米左右时,扦插苗抗旱、抗腐烂能力明显提高,遮荫设施可逐步减少,增加透光度,并加施稀薄肥水提苗。春插苗和夏插苗秋季即可扩床移栽,秋插苗次年春季扩床移栽,以培育大苗出圃。

第 二 章

农民养殖业致富指南

一、畜牧养殖

随着国民经济的快速发展和生活水平的不断提高,人们对畜产品的需求越来越多,这为畜牧养殖提供了良好的发展机遇。畜牧养殖的门槛低,非常适合农民朋友们进入。发展畜牧产业,对于繁荣农村经济,进而增加农民收入来说,都具有十分重要的意义。

下面将分别介绍一下几种常见的畜产品的畜牧养殖技术:

(一)猪的养殖技术

猪肉含有丰富的蛋白质及脂肪、碳水化合物、钙、磷、铁等成分,是人们日常食用肉最多的一种重要的副食品,它具有补虚强身、滋阴润燥、丰肌泽肤的作用。根据消费者对瘦肉和脂肪要求不同以及地区供给饲料的差异,经过长期选育而形成脂肪型、瘦肉型和兼用型三个类型的猪种。

下面将具体介绍一下几种常见的猪饲养技术:

1. 肉猪的快速育肥

肉猪快速育肥又称直线育肥、一条龙育肥,就是从仔猪去势、断奶后开始育肥直到出栏。在整个育肥期间饲喂高能量、高蛋白全价饲料,加喂适量饲料添加剂,充分满足育肥猪的各种营养需要,并进行科学管理,达到快速育肥提早出栏,提高养猪的经济效益。

肉猪快速育肥技术操作要点如下:

(1)消毒。入栏前,除对栏舍的防寒、保温、通风换气、采光、排光防潮、打扫卫生外,重点用火碱溶液、石灰水或漂白粉液对栏舍进行彻底消毒。

(2)选苗。"苗好一半收"。选购仔猪时,从品种上要挑选二元杂交猪,或最理想的三元杂交仔猪,从群体上要选体重大且均匀的仔猪,从个体上要选购健壮、活泼、肯长的仔猪。

(3)配方。快速育肥技术关键之一是采用高能量、高蛋白的日粮。根据猪的不同生长阶段选用不同的饲料配方。

(4)驱虫。猪易感染寄生虫,应对仔猪进行驱虫。空腹拌料投服,剂量一定要准确,以防中毒。

(5)健胃。当猪驱虫后,每头小猪用小黄苏打片 10 克,早晨拌入饲料中喂服洗胃;过两天,每头小猪再喂 5 克大黄苏打片健胃。

(6)打针。仔猪进栏后,观察 7 天,在无病情况下,第一次给猪注射猪瘟疫苗,同时给猪口服仔猪副伤寒苗;再过 7 天,注射猪丹毒、猪肺疫二联苗;再过 7 天,猪无病,注射猪链球菌苗。使用疫(菌)苗的质量一定要好,按说明使用。

(7)去势。用作肥育的公母猪需适时阉割。小猪阉割后,性情变得温顺,食欲增加,增重速度提高,肉的品质得到改善,应在 10~15 千克时进行阉割较好。

(8)适时出栏。生猪体重能达到 100~110 千克出栏效益最好。

2. 瘦肉型猪的饲养

随着人民生活水平的提高和保健意识的增强,人们对肉食的要求越来越高,市场上肥肉滞销价低,瘦肉畅销价高,发展瘦肉型猪前景广阔。

瘦肉型猪的饲养技术要点如下:

(1)经济杂交。我国地方猪种脂肪性状的杂种优势表现很顽强,靠国内品种杂交,不能产生理想的瘦肉型商品猪。用国外瘦肉型猪种与我国地方猪种杂交,杂种的瘦肉率也不太高,用国外瘦肉型猪种与我国培育的杂种猪杂交,瘦肉率有明显的提高。但不论是从国外引进的猪种还是国内培育的猪种,都需要继续选育提高。

(2)按不同生长时期的需要,喂蛋白质饲料。猪体内的脂肪比例随年龄和体重的增加而增加,但猪体内的蛋白质的比例随年龄和体重的增加而降低。因此,要特别注意不同生长时期饲料蛋白质的比例。蛋白质的供应,实际上就是发挥氨基酸的作用。因此,需要多种饲料搭配,例如玉米和豆饼搭配。在配合饲料时,注意供给含赖氨酸较多的饲料,如豆饼、花生饼、菜籽饼、蚕豆、黑豆、小豆等。

(3)猪生长的前中期保证营养,后期限制饲养。3~6 月龄的猪肌肉长得较快,应给予足够的营养和适当比例的蛋白质,有利于提高瘦肉率。在肥育猪的生长后期,日增重越高,猪的脂肪的比例也较高,要采取限制饲养的办法,限制能量和喂量。办法是多喂青饲料,加大糠麸比,只给予平常饲养食量的 85%。这样增重是慢了一些,但是可以提高瘦肉率和饲

料转化率,提高经济效益。

(4)实行饲养的科学管理。对瘦肉型猪饲养的科学管理,需要做好以下方面的工作:入栏前搞好去势和预防注射。育肥开始用虫克星驱除体内外寄生虫,并做好洗胃与健胃。保持适宜的温度,养育肥猪的最佳温度为15℃~23℃。冬春季要采用封闭式或塑料暖棚猪舍,厚垫草,卧满圈,挤着睡。夏季防暑降温可向地面喷洒凉水,外搭凉棚,开窗通风,供给充足清凉饮水。搞好调教,合理分群,搞好卫生,通风防潮,控制疫病发生。

(5)掌握适宜的屠宰期。适宜的屠宰期可因猪的体型大小和成熟早晚而不同。大型猪种,体重50~90千克时,是肌肉生长发育的旺期,这以后才是脂肪蓄积的旺期。适当的脂肪沉积,可使肉质有所改善。引进的大型瘦肉型猪,体重100~105千克时屠宰比较适宜。中型猪一般宜在90千克以前屠宰。小型猪种,早熟易肥,以体重65~75千克时屠宰为好,它们与大中型猪种杂交的杂种猪可在70~80千克时屠宰。

3. 小型猪的饲养

小型猪是在特定自然条件和农牧业水平较低的环境中,经过长期近亲交配繁殖选育形成的。小型猪具有胴体瘦肉厚、纤维细、脂肪颗粒小、香味浓郁、早熟易肥,且最大不超过30千克等特点,其肉是国内外重大宴席上的名菜。

小型猪的饲养技术要点如下:

(1)建好猪舍。应选择地势干燥、背风向阳、平整的地方建造猪舍,猪舍单列式、双列式均可,但必须用砖石砌墙、水泥抹面,以便冲洗打扫。小型猪的猪舍应比一般猪舍建造高一些。猪舍外应设排粪场,排粪场面积应比猪舍大一些。猪舍夏天要搭遮荫的凉棚,冬天要注意保温,这是饲养好小型猪的一个重要条件。

(2)小型猪的繁殖。小型猪耐近交,遗传基因较为稳定,自然繁殖公母猪比例按1:8~1:10确定,有条件的地方最好采取人工授精的方法,提高繁殖率。母猪一般在4~5月龄配种为宜,怀孕115天左右,每年可产仔2窝以上,每窝产仔猪7~12头,成活率达90%以上。尽管小型猪配种采用自然繁殖,而且简便易行,受精率也较高,但仍应选择好种公猪。种公猪一般要求健康、活泼、不厌食、雄性强,具有明显的爬跨行为。同样,种母猪也要求健康、活泼。小型猪110天左右开始发情,发情周期 18 天左右,持续约 4 天,远比一般猪种早,因此必须适时配种、早繁殖。配种阶段,无论公母猪,除正常饲料外,还应添加一些精饲料,以满足其营养需要。

(3)强化哺乳仔猪管理。饲喂好仔猪是提高猪成活率和发展商品猪的关键。小型猪出生后,要固定好母猪的乳头,让仔猪吃好初乳,并加强保温,让其早开食。一般出生 4 天后就可喂饲料,1 月龄后就要及时注射猪瘟、猪丹毒、猪肺疫等疫苗。

(4)科学饲养成猪。要保持安静、干燥、洁净的饲养环境。在饲料方面,应以大麦、米糠、麸皮等粗饲料为主饲喂,对断奶的仔猪则要饲喂配合饲料。为了提高饲料报酬,应实行科学饲喂。一是要定时,从早上 7 点开始,每隔 4 小时喂一次;二是定量,对体重 20 千克以上的猪,按其体重的 3.5% 投料,做到前促后限,即 2 月龄以前让其多活动促其长架子,2 月龄后,限制其活动,促其长膘,以保证较高的瘦肉率。

(5)注意防疫治病。一是无病早防,每天冲洗粪便 1 次,夏搭凉棚遮阳,冬建暖棚保温,经常刷洗食槽,定期消毒猪舍;二是有病早治,特别是要注意防治仔猪副伤寒病。

(6)适时出栏。仔猪饲养 5～7 周后,就可作为烤猪原料上市,此时就应及时出栏。如果出售种猪,则按规定时间出栏即可。

(二)豪猪的养殖技术

豪猪,又名箭猪,全身棕褐色,体前部长有短刺,背后部长有长刺,最长的可达 343 毫米,体重 10 千克左右。人工养殖豪猪,饲料易得,管理简单,容易驯化。

豪猪的饲养技术要点如下:

(1)饲养繁殖。豪猪消化能力强,野生条件下,喜吃玉米、小麦、稻谷、红芋、白菜、萝卜、南瓜、花生等多种农作物;在人工饲养条件下,除可投入上述饲料外,还可投放松树根、冬青树枝等。投放日粮总量以每晚基本吃完略有剩余为度,少量未吃完的饲料第二天全部清除出场。豪猪晚间进行交配,怀孕期大约 110 天,通常 1 年 1 胎,1 胎 2 仔。

(2)半散放饲养。选坐北朝南、排水条件好、土层较厚、有林木的丘陵坡地建场。四周围墙高 1.1～1.2 米,并安装供饲养人员进出的铁门。

场地面积可按设计放养种群数量而定,公母比以 1:3~1:4 为宜。豪猪饲养在围墙内,会自行掘洞栖息,只要供足饲料任其采食即可。

(3)人工圈养。建有屋面顶棚的养殖圈舍,分内外窝室,并铺有坚固的水泥地面(地面上放置垫草)。内外窝室一般宽 2 米、长 3 米、高 1.1~1.2 米,内窝室是栖息和产仔的处所,外窝室是活动和晒太阳的场地,外窝室靠铁门的一侧砌有饮水池。饲料雨天放在内窝室,晴天则可放在外窝室。

(4)防病。虽然豪猪生命力很强,不易发生疾病,但仍应注意。春末夏初,投喂青绿饲料不宜超过日粮含量的 30%,以防胃气膨胀和亚硝酸盐中毒;应每天更换 1 次清水,并在饮水中间隔投入环丙沙星粉剂;还要定期进行肠道驱虫、更换垫草和进行场地消毒等。

(三)牛的养殖技术

牛肉是人们餐桌上常见的肉类。国内市场上牛肉的需求空间很大,国际市场对牛肉的需求量也在不断增加,这就为我国牛肉的出口创造了很好的机会。而牛奶及奶制品的市场需求也在逐年增加。发展牛养殖业是农民实际经济增收、脱贫致富奔小康的重要渠道。

下面介绍一下我国几种常见的肉用型、乳肉兼用型及乳用型牛的饲养技术:

1. 架子牛的饲养

架子牛是生长到一定大小,身体比较瘦弱,而且骨架已经基本长成的肉牛。架子牛经过较短时间的强化饲养,就能达到育肥出栏的标准。

架子牛的养殖技术要点如下:

(1)选择优良的肉牛品种。架子牛的来源一般为草原和农户散养未经育肥的牛。品种选择上宜选用杂种公牛为好,其次为阉牛,最差为母牛。选用较多的为西门塔尔、夏洛来、海福特、利木赞等纯种牛与本地牛的杂交后代。杂交牛的杂种优势为 4%~10%,饲料利用率高,育肥效果最好。架子牛按年龄分为犊牛、1 岁牛、2 岁牛、3 岁牛等,从年龄阶段来看,最好选择 2~5 岁的幼年牛。选择的架子牛体重为 318~363 千克,架子较大而且较瘦,这种牛采食量大,日增重高,饲养期短,育肥效果好,资金周转快。

(2)新到架子牛的管理。架子牛运输过程中冬天要注意保温,夏天要注意遮荫防暑,运输途中做到勤添料、多饮水,缩短运输时间。新到的架子牛最好饲喂粗饲料长干草,其次为玉米、高粱青贮饲料。正常饲养后架子牛每天可喂 2 千克精饲料,并且前 28 天每天每头牛喂 350 毫克磺胺类抗生素和适量的食盐,补充维生素 A 和维生素 E。

(3)架子牛的快速育肥。一般架子牛的育肥时间为 120 天左右,共分为 3 个阶段:过渡驱虫期,约 15 天;快速育肥前期,从第十六天到第六十天;快速育肥后期,从第六十一天到第一百二十天。

对刚从草原等地方买回的架子牛,要及时驱除体内、体外的寄生虫,实施过渡期饲养,每天让架子牛自由采食粗饲料,开始时每天精饲料的喂养量控制在 0.5 千克左右,最后增加到每天 2 千克。

经过过渡期的饲养,这时架子牛的干物质日采食量已逐渐达到 8 千克,饲料中粗蛋白质水平应达到 11%,精、粗比为 6∶4,日增重 1.3 千克左右。精饲料主要有玉米、棉仁饼、麸皮混合而成。每头牛每天还要喂养 20 克食盐、50 克添加剂。

快速育肥后期干物质的日采食量达到 10 千克,饲料中粗蛋白质的水平为 10%,精、粗饲料比为 7∶3,日增 1.5 千克左右。精饲料的配方为 85%玉米、10%棉仁饼、5%麸皮、30 克食盐、50 克添加剂。架子牛饲养的粗饲料主要有作物秸秆、干或鲜青草、人工种植的牧草、青贮饲料和工业生产的啤酒渣、糖渣等,可根据当地的自然资源情况选择。添加剂主要有尿素、瘤胃调控制剂、维生素等。不同的架子牛种类饲养方法不同,可根据成年架子牛与犊牛架子牛的不同生长特点,采取不同的饲养方法,提高饲养的针对性,加快育肥速度。牛的疾病较少,要做好预防工作,发病后及时治疗,进行疫苗接种,把各种疾病控制在发病初期。

冬季为加快架子牛的育肥速度,应保持牛栏内干燥,保持牛栏内适宜的温度,经常让牛晒太阳,同时饲料中增加 5%左右的玉米,保持充足的维生素和微量元素供应。饮水要用 10℃以上的温水,粗饲料干喂较好。

架子牛从入栏后就要建立档案,对每一头牛进行详细的记录,尽快地掌握不同架子牛的生长规律,获得最高的经济效益。

(4)育肥牛的出栏。当架子牛育肥到 500 千克后,虽然日采食量增加,但日增重速度明显减慢,继续饲养不会增加收效,要及时出栏或屠宰。

2. 高产奶牛的饲养

奶牛的饲养以其饲养成本低、饲料转化率高、经济效益高为特点,牛奶的生产是在畜产品中饲料转化率最高的,是生产猪肉的 3 倍,是生产鸡肉、鸭肉、鱼肉的 2 倍。饲养奶牛是高产、优质、高效、低耗的产业。

高产奶牛养殖的技术要点如下:

(1)选择品种。不论是建立一个新牛群或是维持原有的老牛群,养牛者都必须考虑自己的牛群是否能达到高产、优质和高效益。首先要看所饲养的品种是否恰当。当前,全世界的奶牛品种,主要有荷斯坦牛(黑白花)、娟姗牛、更赛牛、爱尔夏牛及瑞士褐牛。

(2)高产奶牛的饲养。泌乳量在 35～45 千克/日的高产奶牛,其典型日粮是精料:粗料:糟粕类(啤酒糟、豆腐渣、饴糖糟等)必须保持在 60:30:10,粗纤维为 14%～15%,才能保证营养水平,维持瘤胃正常发酵、蠕动、嗳气和反刍等机能。

对于日产奶量高于 35 千克的高产奶牛,一般条件下必须喂给高能量饲料。当奶牛日粮精料比例在 40%～60%时,则可保证母牛瘤胃正常发酵、蠕动,有足够强度的反刍,且可在能量和蛋白质等养分上提供其产奶需要,发挥正常的泌乳遗传潜力和泌乳机能,保持母牛的产奶性能,进而提高产奶的饲料转化效率。在精料给量占日粮干物质量 60%～70% 的情况下,为了优质牛的正常消化机能,防止前胃弛缓,保持乳脂率不下降,则要添加缓冲剂。

所饲养的高产奶牛,其能量饲料是玉米、次粉与麸皮;蛋白质饲料是豆饼、豆粕、花生饼、棉籽饼(粕)、葵籽饼、菜籽饼(粕)、胡麻饼(粕)、啤酒糟、饴糖糟、豆腐渣等,有时还有鱼粉、肉胶蛋白、玉米蛋白粉、酒精糟(干)等。一般大多是以豆饼(粕)为主,间有一部分其他饼(粕)类,而高产奶牛除精料蛋白质饲料以外,还要有约占干物质总量 10%的鲜糟粕类蛋白质饲料才可满足需要,其中特别是过瘤胃蛋白质的需要。

奶牛粗料中,一般为食盐 1%、骨粉 2%、石粉或牡蛎粉 1.5%～2%。近几年来,则另加 0.25%～0.5%的碳酸氢钠,但多用于夏季或高产奶牛精料中;有些牛场喂用食盐 2%,这会使产后母牛乳房肿胀加重、时间延长。

3. 尼温水牛的饲养

尼温水牛体形高大,生长发育迅速,泌乳量高,乳质好,是典型的乳肉兼用型水牛。其泌乳期平均10.5个月。全期分为泌乳期、泌乳高峰期、泌乳后期,农民称前5个月为大奶期,后5个月为小奶期,一般到第八个月后泌乳量就直线下降。因此,提高泌乳前中期的饲养水平对增加产奶量将起到决定性的作用。

尼温水牛的养殖技术要点如下:

(1)挤奶与调教技术。利用水牛挤奶,要有一个调教过程,即将刚分娩的母牛先进行乳房按摩,然后进行挤奶调教。调教的方法是:利用犊牛吸吮乳头片刻,赶走犊牛后挤奶,或将犊牛放在母牛边,利用条件反射进行人工挤奶。这样一般经调教3~5次后即可进行人工熟练挤奶。目前农村大多还是采用养犊与挤奶相结合,即晚上放牧归来后将母牛和犊牛隔离关养,第二天早上6~7点钟再进行挤奶,挤奶完毕,母牛与犊牛一起外出放牧。

(2)泌乳期的饲养管理。由分娩到2~3周为泌乳初期。此期的主要任务是通过合理的饲养管理,尽快恢复母牛健康,为泌乳高产奠定基础。首先,产后母牛要在休息半小时后喂给温麸皮盐水,以补充体内水分的损失;产后2~3天,喂给少量品质好、易消化的饲料和充足的水,3天后可酌情喂给少量精料及青绿草料;到产后2~3周,母牛身体基本恢复,可转入常规饲养,并在日粮中适当增加精饲料比例,促进乳汁的分泌。其次,母牛产后1小时即可进行挤奶,一般1周内的初乳均直接饲喂犊牛,1周后方可隔离犊牛,喂给黑白花牛奶。这样做,可使犊牛吃足初乳,提高成活率,又因初乳乳汁较稠且色发黄,不适宜人类饮用。

尼温水牛产后2~3周到5个月后为泌乳高峰期,此期占总产奶量的60%~70%。在饲养上除放牧外,还需要补充精料,每天用1千克大米煮成的稀粥再加拌5千克的米糠来饲喂;在高产水牛的产奶高峰期,要采取圈养,其日粮组成一般是:配合饲料10千克,青草50千克或干草10千克,骨粉0.5千克,食盐50克。为了提高水牛泌乳量,在管理上经常采取以下方法:第一,挤奶时让母牛看到小牛,利用条件反射引起泌乳中枢兴奋,促进乳汁分泌;第二,注意水分补充,在饲喂后补给充足的饮水,水中加入适量的食盐;第三,圈养的每天至少给予2小时的舍外活动;第四,加强乳房按摩,在挤奶前先用温水擦洗乳头和乳房,然后用热毛巾按摩10~15分钟;第五,经常刷拭牛体,保持牛体和栏舍清洁卫生。

6 个月开始,水牛的泌乳量逐渐下降,乳汁中的固体干物质、乳脂、蛋白质等含量也有所降低,乳汁也由浓逐渐变稀,日挤奶次数也减少为 1 次或 1～2 次。此期饲养上相对粗放,除部分高产牛还要继续加喂精料外,一般以放牧为主,夜间适当加喂少量精料即可。

(四)羊的养殖技术

随着羊产品加工业及羊肉消费市场的不断发展,对羊肉制品及羊肉的需求也在逐年增加。而新兴的饲养管理技术、疫病防治技术、繁殖及人工授精技术等诸项配套技术的成熟及完善的畜牧兽医技术服务的推广,则使饲养效益得到大大提高,因而使得规模化、工厂化养羊有了可能性,养羊业也将成为畜牧业中的首选项目,有着广阔的发展前景。

下面将介绍几种常见的羊饲养技术:

1. 羔羊的育肥技术

羔羊育肥就是对出生后的公羔羊采取前期放牧加补饲,后期舍饲强度育肥的办法,使其实现当年产羔当年出栏,以此提高饲养经济效益的饲养方法。羔羊育肥的好处是肥羔羊瘦肉多,品质嫩,膻味轻,市场俏,价格高,经济效益高。

羔羊育肥的技术要点如下:

(1)安排最佳的产羔季节。为了使羔羊有较长时间的生长育肥期,理想的产羔时间应在每年的初春(1～2 月份)。这样,羔羊的年底出栏体重可达到 35 千克左右,甚至更高。羔羊的产羔时间应相对集中,这样便于育肥管理,也便于组织向城市销售产品。

(2)选择适宜的断奶时间。羔羊断奶可按照正常的断奶时间进行,即 3～4 月龄断奶。对于体大的羔羊可适当提前断奶,对弱小羔羊适当延迟断奶时间。在哺乳期内力争使羔羊发育好,因为羔羊的育肥效果与断奶时间关系密切。

对于断奶后的羔羊,未去势的要去势。要对羔羊进行驱虫和药浴,按照体重和个体大小相近的原则单独组群,单独放牧,单独补饲和管理。

(3)选择理想的育肥时间。羔羊育肥的理想时间应选在气温较适宜的秋季和秋后。如果育肥期过晚,天气寒冷维持消耗大,会影响增重效果。同时,秋季饲草丰富、农副产品充足,为羔羊育肥提供了饲料保证。一般 10

月上、中旬就应开始补加混合精料。育肥开始太早也不好,在育肥期太长的情况下,则总饲养期要缩短,会影响羔羊出栏重量和皮张质量。

(4)保证充足的放牧时间。每天放牧应保持7~9小时,以增加羔羊采食量,促进生长发育。放牧结束回圈后,应对羊羔补饲粗饲料,羊的胃肠道容积较大,即使白天吃大量青草,因其消化能力强,到了晚上也会出现饥饿的现象。入冬以后粗饲料的投喂量应该增加,喂给质量较好的粗饲料,如花生秧、红薯秧等。

(5)补喂混合饲料。每天放牧回圈,应该补喂混合饲料,也有早晚两次补饲的。补喂混合饲料应该定量,随着日龄的增加而逐渐增加。在出栏前的2个月左右属于集中育肥阶段,应作为补饲的重点,混合精料用量要增加。在配制混合饲料时,应该加入食盐及矿物质元素。

为了增加出栏羊的肥度,有必要提高育肥后期饲料的能量水平。增加混合饲料中玉米的用量是常用的办法,也可在混合饲料中添加油脚,如添加棉籽油和菜籽油油脚。在添加油脚时油量不宜过多,以防有毒成分在体内积累。如果不希望肉羊太肥且要减少胴体花油重,则应控制育肥后期混合饲料能量水平,减少能量饲料的比例。

2. 绵羊的饲养

绵羊是常见的饲养动物。绵羊的肉质细嫩可口,特别适合肥羔生产。绵羊的板皮质量好,板皮厚且面积大,是上等皮革原料,常被用来做马的鞍具等高级制品。

绵羊的养殖技术要点如下:

(1)种公羊的饲养管理。配种期在搞好放牧的同时,应给公羊补饲富含粗蛋白质、维生素、矿物质的混合精料与干草。配种期的日粮应由种类多、品质好且为公羊所喜食的饲料组成。公羊的补饲定额,应根据公羊体重、膘情与采精次数来决定。在配种季节,一般每日补饲混合精料1~1.5千克,青干草任意采食(冬配时),骨粉10克,食盐15~20克。对每天采精次数较多时,可加喂鸡蛋1~2个。种公羊日粮体积不易过大,以免形成草腹影响配种。

在加强补饲的同时,还应加强公羊的运动。

转入非配种期后,应以放牧为主,每天早晚共补饲混合精料0.4~0.5千克、多汁饲料1~1.5千克,夜间添加青干草1~1.5千克。早、晚

饮水两次。

(2)母羊的饲养管理

①怀孕母羊。这一阶段饲养管理主要任务是保好胎,并使胎儿生长发育良好。重点应放在怀孕后期,饲料增加 30%～40%,可消化粗蛋白增加 40%～60%。除放牧与补饲干草、青贮饲料外,还要补精料 0.5 千克。出入羊圈、放牧和饮水时,要强调稳、慢,防止滑跌和拥挤。禁止无故捉羊和惊扰羊群,以防流产。

②哺乳母羊。此时应保证母羊有足够的乳汁满足羔羊的需要。为了提高母羊的泌乳力,应给母羊补喂较多的青干草、多汁饲料和精料。哺乳母羊的圈舍应常打扫,经常检查母羊的乳房,发现情况及时处理。羔羊断奶前,应在几天前减少多汁料、青贮料和精料的补饲量。

3. 波尔山羊的饲养

波尔山羊原产在南非干旱地区,是目前世界上著名的肉用山羊品种。波尔山羊属大型山羊品种,具有生长快、繁殖能力强、产羔多、屠宰率高、产肉多、肉质细嫩、适口性好、耐粗饲、适应性强、抗病、遗传性状稳定等特点,是优良的山羊品种。波尔山羊的养殖技术要点如下:

(1)羊舍建设。羊舍选择在地势高燥、排水良好、土质坚实、向阳背风、空气流通、平坦开阔或具有缓坡、水源充足、交通方便、水电设施齐全、远离居民区和交通主干道的地方。

大型养羊场要分区布局,设生产区、办公生活区和病羊隔离区等。家庭小规模的养殖只建生产区就可以了。羊舍多为东西方向,门向南开,北墙要留窗户,羊的活动场所建在羊舍的南边。羊舍的类型有单面坡形和双面坡形两种。羊舍的面积根据养羊的数量和品种而定,羊的活动场所建成开放式的围栏。

羊舍内常用的设备有食槽、饲草架、饮水槽、盐槽和药浴池等。规模大的还要有青贮窖、磅秤等。

(2)波尔山羊杂种后代的繁殖。利用纯种波尔山羊公羊与我国优良的本地母羊进行杂交,发挥其后代的杂种优势,可获得高产、优质、成本低的商品肉羊。

为了提高杂交后代的杂种优势,必须严格选择亲本。父本选择优质纯种波尔山羊,母本应选择地区数量多、适应性强、繁殖力高、母性好、泌乳力强的山羊品种。目前我国优良的母本山羊有海门山羊、徐淮山羊、马头山羊等。

杂交组合包括二元、三元和四元杂交。二元杂交即两个品种之间的杂交,所产后代全部出栏。三元杂交即先用两个亲本杂交,产生杂交一代母羊,再用第三个品种作父本进行杂交,后代全部用作商品羔羊。四元杂交首先用四个纯种山羊两两杂交,然后在杂种间进行杂交。饲养上常用的为二元杂交,也称作经济杂交。

(3)波尔山羊杂交羔羊的培育。羔羊产后半小时到1小时内要吃到初乳,母羊没有奶水时,要用新鲜的牛奶或羊奶人工喂养。15天后要注意补充精饲料和新鲜青草,补充饲料时要做到少吃多餐,开始喂量不宜过大,同时在饲料中加入少量的食盐。

7~10日龄以上的羔羊可随母羊自由放牧或让其在运动场上活动,接受日光浴,增加体内的维生素D和胆固醇的含量,增强羔羊的骨骼发育和体质。7~15天内进行去角、断尾和编号。2月龄对公羊进行去势,没有去势的,公、母羊分开饲养,并做好驱虫和防疫工作等。

3个月后羔羊已能够自由采食,基本具备独立生活能力,要进行断奶。断奶后的羔羊要加强饲养管理,饲草以新鲜的牧草或其他豆科干草最好,其次是农作物秸秆和青贮饲料或氨化饲料等。同时要补充精饲料、矿物质元素和维生素等,供应充足的饮水。

(4)波尔山羊杂交后代的育肥。羔羊的育肥方式有舍养、放牧和混合育肥三种形式。舍养育肥方式,育肥效果好,可以按饲养标准配制饲料,缩短育肥时间。开始育肥时先以优质干草为主要日粮,逐渐增加精料的饲养量,转入正常饲养后一般日粮中精料的比例占45%、粗饲料的比例占55%,强化育肥精料的比例可增加到60%以上。放牧育肥是牧区采用的育肥方式之一。放牧育肥投入少,成本低。在草场分配上羔羊宜在豆科牧草为主的混播草场上放牧育肥,成年羊和老龄羊可以在禾本科牧草为主的草场上放牧育肥。混合育肥即放牧和补充饲养相结合的育肥方式。在羔羊断奶后进行放牧育肥,在牧草不足的情况下,进行人工补饲,秋冬季节经过30~40天的追肥后屠杀。混合育肥适应于我国农区和半农区饲养波尔山羊育肥。

波尔山羊的病害主要有羊炭疽病、羊巴氏杆菌病、羊沙门氏菌病、羔羊大肠杆菌病、羊布鲁氏菌病、羊链球菌病等。要加强预防和疫苗的接

种,发现病羊及时隔离和治疗。

(5)波尔山羊的屠宰。波尔山羊及其杂交后代,一般饲养到 6～8 个月后,体重达到 38～43 千克时即可进行屠宰,过大、过小经济效益和肉质都不好。屠宰前要对肉羊进行体检,对于有病、被狂犬咬伤没超过 8 天的、注射过炭疽芽孢菌苗在 14 天之内的不准屠宰。屠宰前 24 小时应停止放牧或补饲,屠宰前 2 小时停止饮水,并进行体重称重。

(五)肉驴的饲养

据有关部门对养驴专业户调查显示,养驴 3 年就能取得较好的经济效益。与养猪、养肉牛及养羊比较,养驴风险更小,投入少、见效快、效益高。

肉驴的养殖技术要点如下:

(1)饲喂。驴是草食动物,其饲草以干、硬、脆的农作物秸秆为佳。例如,将玉米、谷子、豆蔓等质地较硬的秸秆,用铡草机切成 3～4 厘米长的短段,驴最爱吃。最忌喂半干半湿、折之不断的饲草,因为此类饲草易使驴患结症(肠便秘)。同时再辅以豌豆、玉米、炒棉籽等精料或小麦麸皮等,每天早、中、晚各喂 1 次,以晚饲为主。每次饲喂时先添单草(即单样秸秆)让驴吃至大半饱时,再喂合草(即将秸秆掺以苜蓿、豆蔓等含蛋白质较高的饲草),以此诱其食欲。当驴有停食的表现时,再喂拌草(即把槽底所剩的草,再掺以豌豆、玉米、炒棉籽等整粒饲料或掺以小麦麸皮及少量水),以诱其达到最大摄食量。

(2)圈养。集约化肉驴育肥,以圈厩饲为好。圈厩以能挡雨、可遮风即可。圈舍内设有供食用草料的食槽,每头驴应留足 60～80 厘米的食位。在成年驴之间,按食位的距离,设置坚固的栅栏为障,以阻止驴互相袭扰。

(3)繁殖。目前肉驴的集约化养殖还处于起步阶段,由人工培育的产肉型驴还未见推广。要进行饲养繁殖就得选用形体较大、耐粗饲、抗病力强、适应性好、繁殖性能良好,而且饲料报酬也高的驴种为佳。如我国现有的陕西关中驴、山东德州驴、山西广灵驴以及云南驴,都是育肥驴的优良品种。

目前肉驴多以同种交配繁育为主,也可和马进行杂交。集约化养殖可采用人工授精法,采集良种驴精液,有利于大批量繁育,加速良种的推广培育。

（4）防病治病。肉驴同骡、马一样，容易患传染性贫血、鼻疽和破伤风等病，尤其是在集约化养殖条件下，更要严格执行"防治结合、预防为主"的方针，并要注意环境卫生，防止驴病的发生。

肉驴在下槽离圈时，要饮足清洁水，严禁饮用污染水或脏水。圈厩内不留隔夜粪便，食槽和饮水缸要定期清洁消毒。肉驴每次进圈或出圈时，尤其是使役完毕后，要让其痛痛快快地打几个滚，并逐个进行刷拭。一经发现肉驴有不适之态，或有减食表现，要立即请兽医处理。不要公母驴混养，以免相互撕咬碰撞，造成意外创伤，以致诱发破伤风。

（六）肉狗的饲养

随着人民生活水平的提高和改善，市场对肉狗及其产品的需求量越来越大，促使肉狗养殖业成为集约化养殖业。常规饲养肉狗，由于品种狗价格高，圈养密度大，饲料营养不全，致使饲养投资高、管理难、费饲料、生长慢、效益低，推广"四改一防"技术提高了养殖效益。

"四改一防"的养狗技术要点如下：

（1）将品种狗改为本地杂狗。由于肉狗养殖业的兴起，一些倒种者趁机而入，把部分品种狗价抬至上千元，给农户饲养肉狗投资带来了困难。如果选用几十元一只的本地杂狗饲养只需投资几千元。采用科学饲料配方，经 3～4 个月饲养，可生长达到 15～30 千克。选狗标准应是体形大、温顺、健康、长肉快、吃食好、吃饱就睡的"懒狗"。

（2）将圈养改为拴桩限位饲养。圈养肉狗密度大，不便控制疾病（传染病与寄生虫病）的传播，不利于定量饲料，并易发生咬架，饲养管理困难。采用拴桩限位饲养，限制了肉狗的活动范围，各狗自占食具不能互相接触，避免了咬架，有利于定量饲养和管理。

狗舍应坐北向南，舍高 1.2 米，宽 1 米，长度根据饲养数量而定。舍南侧楔铁桩，铁桩数量根据饲养量而定，桩距 1.2～1.5 米，桩高 0.3～0.45 米。每条狗用 0.5～0.65 米的铁链拴在铁桩上，拴好后应能转动自如，白天可使狗转出舍外，夜间及阴雨天回到舍内。

（3）将常规饲料糊状、块状饲喂改为混合麻醉颗粒。把饲料调成糊状来饲喂，因夏季苍蝇多易传播病菌。块状饲喂，因狗有叼食习性，容易把食物叼出食具外，既费饲料又不卫生。混合麻醉颗粒饲料中含有添加

剂和麻醉剂,具有普通饲料无法合成的 18 种氨基酸,能够加速料、肉的转化,促进狗的快速发育,肉狗摄食后进入睡眠状态,能够控制狗的日常运动,避免狗大叫,能减少能量消耗,有利于生长。颗粒料饲喂使狗无法叼食,既卫生又省料。

(4)将去势改为不去势。常规饲养肉狗,为使其性情温顺、增长快,当狗长到 5～7.5 千克时要进行去势。其实狗的性成熟期在 6 个月龄以后,母狗 7～9 个月才第一次发情,公狗 5～6 个月才有性欲,而肉狗育肥出栏多为 3～4 个月。如果对狗去势,手术后由于管理跟不上及伤口痛等刺激因素的影响,往往会使狗食欲减退,降低饲料转化机能,对狗生长造成不利影响,以致增重慢,所以还是不去势为好。

(5)预防。要做到对舍内食具、狗体进行综合预防。舍内要随时清除粪便,打扫干净,隔 2 天彻底消毒一次。狗的食盆、水盆中的残剩食物和水要及时倒掉,清洗干净,并定期消毒冲洗干净。对狗定期预防接种 3次。第一次 4 周龄时注射二联苗(防犬瘟热、犬细小病毒病);第二次 8～9 周龄时注射五联苗(防犬瘟热、犬细小病毒病、狂犬病、传染性肝炎、副伤寒);第三次 12 周龄时注射五联苗。隔 50 天驱虫一次,发现病狗,及时隔离治疗,预防传染。

(七)肉兔的饲养

养肉兔具有起步资金少、技术含量低、资金周转快等优点,适合资金规模小的养殖户发展。养殖肉兔,饲养管理要求相对较低,周期短,3 个月即可上市。

肉兔的养殖技术要点如下:

(1)注意选种。肉兔的品种较多,有肉用型,也有皮肉兼用型,主要品种有比利时兔、新西兰兔、日本大耳兔、中国白兔、德国花巨兔、哈白兔等。各品种的内在质量有所不同,要结合自己的养殖目的和养殖环境来选择。

(2)注意质量。购买种兔一定要到正规的有经营许可证的单位购种,不然将会影响购种繁殖数量和质量。同时要注意选择青、壮年兔作种兔。

(3)注意环境。兔子是弱小动物,胆小怕惊,一旦受惊,就会引起精神不安、食欲减退、母兔流产、拒哺仔兔甚至死亡等现象,因此场舍要远离居民区,防御狗、猫等其他动物入侵。春季是肉兔繁殖的黄金季节,春季气温回升,气候适宜,兔日增重较快。春季抓好商品兔的繁殖和饲养,确保全年经济收入具有不可低估的作用。

(4)抓青饲料生产。对南方养兔而言,搞好牧草生产,提高牧草质量和产量,是降低饲料成本的有效途径。春季牧草生长速度快,应及时对牧草施肥。如一年生黑麦,做到一刈一施肥,确保在5月初结籽前刈割三茬。有条件的养兔户应多种紫云英,因紫云英产量高、口感好、营养丰富。3~4月份南方地区是紫云英丰产时期,春季饲喂可以减少甚至停喂全价饲料,而且不影响肉兔生长。3月底应及时播种菊苣、紫花苜蓿、苏丹草、墨西哥甜玉米等,以防夏、秋青绿料的不足。

(5)抓早春肉兔的繁殖。南方地区初春气温回升,饲料丰富,温度适宜,兔日增重快,宜扩大商品兔的饲养。进入春季,公兔性欲旺盛精子质量好,母兔发情表现明显。1月末应对适龄空怀母兔进行配种,2月底产崽,3月未满月正逢牧草盛长期,能够充分利用春季牧草,扩大肉兔规模。在种兔配种中应把握以下要点:青年公兔1天只配种1次,每配种1次休息2天;壮年公兔一天最多配2次,每两天休息1天。为确保母兔受孕和提高母兔产崽数,应在配种5~8小时内进行复配。

(6)抓春季肉兔的饲养管理。春季草嫩、多汁、口感好,在饲喂时注意不要喂水分含量高的青绿料,避免肉兔贪吃致病。不喂腐烂变质、发黄的饲料。在饲喂的青料中加入少许大蒜、洋葱、芹菜叶、柏树叶,可预防兔腹泻、肠炎、胀肚等疾病。种兔一日三餐,要定时、定量;育肥兔一日多餐,少投多喂,同时降弱笼子内的光线。初春昼夜温差大,注意保暖,以防兔感冒。

(7)防春季肉兔疾病发生。肉兔的饲养应以预防为主,预防疾病的发生,降低死亡率,提高肉兔出栏率。春季是兔瘟高发期,应及时对种兔注射兔瘟疫苗。满月小兔应在注射大肠杆菌疫苗后5~7天注射兔瘟疫苗。由于商品兔饲养期短,一般70~80天出栏,可以只注射大肠杆菌疫苗。随着气温增高,疾病发生的可能性大,应定期对兔场进行消毒。消毒可使用生石灰水和高锰酸钾等。饲槽应做到天天清洗,笼底板定期清扫,以避免疾病的滋生蔓延。

二、家禽养殖

家禽一般饲养方式简便、好管理,且易形成规模化养殖,因此应该是农民朋友从事养殖业的首选项目。养殖家禽,不仅能给人们的餐桌上提供丰富的肉、蛋,而且也能给农民朋友带来不菲的经济收入,有效地推动其脱贫致富的前进步伐。

(一)鸡的饲养

鸡是人们餐桌上的常见食品。鸡的肉质细嫩,滋味鲜美,适合多种烹调方法,并含有丰富的营养价值,有滋补养身的作用,是老年人以及心血管病患者的理想蛋白质食品。鸡蛋含有丰富的蛋白质,包括人体必需的8种氨基酸,味甘性平,具有镇心、益气、安五脏、养血的功效,为防病治病的良药。目前市场上对鸡及鸡蛋等的需求量很大,养殖鸡可作为农民增收的重要项目。

1. 土鸡的饲养

土鸡是我国地方鸡品种的总称。土鸡也叫草鸡、笨鸡,是指放养在山野林间、果园的肉鸡。土鸡具有营养丰富、风味独特的优点。由于目前市场上土鸡和土鸡蛋的数量较少,养殖土鸡的市场潜力很大,大力发展土鸡养殖业大有可为。

土鸡的养殖技术与管理方法如下:

(1)饲养场地的选择。放养地必须远离住宅区、工矿区和主干道路,且要求环境僻静安宁、空气洁净,附近有无污染的小溪、池塘等清洁水源。在放养区找一处背风向阳的平地,搭一座坐北朝南的简易鸡舍,也可搭建塑料大棚,给鸡提供休憩场所。小鸡舍内安装弹性塑料网或竹编网,网眼直径1厘米,网距地面1米左右。

(2)雏土鸡的管理。做好进雏前的准备工作,旧房改造的鸡舍,舍内四壁及顶上用浓石灰水粉刷1~2次。不论是改建还是新建鸡舍,都要严格消毒,搞好卫生,验证舍内调温和通风设施。

为减少外来鸡带来病菌和做到品种纯正,最好能自留种鸡、自繁雏鸡。

种鸡选择毛色光亮、健壮、生长速度快的纯土鸡。种鸡公母不宜用兄妹鸡。

农家采用母鸡孵化出雏方法时,为使雏鸡日龄统一,除做到喂料投放均匀、按时保质外,先孵的母鸡实行空孵(鸡窝内不放蛋),但空孵时间不宜超过7天。中大规模饲养时,宜采用孵化器孵化出雏。

雏鸡进入育雏室,第一周每平方米50只,且隔开为一群,弹性塑料网上或竹编网上铺新鲜干净的干稻草,铺草厚度以雏鸡粪便能从其空隙中落到地上为宜。第二周每平方米40只,撤去铺草,使鸡粪直接通过网眼落到地上。第三周每平方米30只,之后为10只。按日龄、强弱、大小、公母分群饲养雏鸡。鸡舍温度第一周为32℃,以后每周降2.5℃,至自然温度21℃时脱温。光照强度参照白天采光窗的光照强度。雏鸡25日龄方可放养,这是保证成活率高的重要因素之一。

(3)放养。一片林地以放养2000只为宜,规模大不便管理,规模小效益低。晚春到中秋可放养,冬季气温低,虫草减少,应停止放养。

土鸡要选择抗病力强的良种鸡,3~4周龄前与普通育雏一样,选择保温性能较好的房间进行人工育雏,脱温后再转移到山上放养。小鸡刚开始放养时没有上山觅食的习惯,要加以训练才行,使集群建立条件反射。

(4)预防疾病。防病鸡以预防为主,做到每天观察鸡群吃料、饮水情况,发现病鸡立即隔离。清粪工作每周1次。雨雪天气严禁放养,以免打湿羽毛,使鸡受凉感冒。

对土鸡危害最大也最易流行的是鸡瘟。此病一年四季均可发生,在炎热的夏天流行较普遍。养殖土鸡讲究自然、生态,忌讳使用化学药剂和其他激素类物品,故应采取简便易行的土办法来有效地防治鸡瘟。如可以用绿豆加白矾碾成粉加水调成糊状喂鸡。每天3次,每次2~3汤匙,连喂7天。或用白酒浸泡粒状粮食2小时后,早、晚各喂鸡1次,每只鸡每次2~3克,连喂5~7天。

2. 太湖草鸡的饲养

太湖草鸡作为地方优质鸡种之一,品种特色鲜明,肉质好,味道美,营养价值高,很受消费者青睐。在荒山、林地、果园等处开展太湖草鸡生态养殖,投资少,效益高。

太湖草鸡的养殖技术要点如下:

(1)适宜温度。草鸡养殖期间要注意保持适宜的温度,以33℃左右

为最佳。秋冬季节应注意保温,夏季要注意防暑降温。

（2）注意湿度。鸡棚内湿度不能过大,也不能过小,过小易干燥,过大易滋生病菌。

（3）加强防疫。养鸡最怕发生疫病,因此,要按时防疫、定期消毒,养殖场区注意不要让外人随便进出。

（4）注意防雨。夏季养鸡,要注意收听天气预报,有阵雨、暴雨发生时,要提前做好准备,防止鸡淋雨生病,造成损失。

（5）防止惊吓。养殖场区最好选择在相对偏僻安静的地方,防止有鞭炮等突发剧烈声响惊吓鸡群,引起鸡应激反应,扎堆压死。

（6）实行套养。有条件的农户,最好能在林地、果园中进行套养,不仅省工节省成本,而且养出的鸡品质好、售价高。

3. 三黄鸡的饲养

三黄鸡是由优良地方品种经杂交培育而成的优质肉鸡,从外观上看具有黄色的羽毛、黄色的皮肤、黄色的腿胫等特征。三黄鸡肉质细嫩、皮薄、肌间脂肪适量、肉味鲜美,所以在市场上受到消费者的欢迎。

三黄鸡的饲养技术要点如下:

（1）饲养方式。三黄鸡的饲养方式主要有地面厚垫料平养、网上平养两种。地面厚垫料平养的方式就是在鸡舍内的地面上铺设 10 厘米左右厚的垫料,雏鸡从入舍饲养到上市出售一直生活在上面。这是目前最普遍采用的一种饲养方式。网上平养就是在离地 50~60 厘米的高度上架设网架,用 2 厘米左右粗的圆竹竿或木条平排在网架上制成网床,上面铺上塑料网或铁丝网,鸡群就生活在网上。

（2）鸡舍及设备。天棚、墙壁的保温性能要良好,地面要求为水泥地而且要稍微有一点坡度,这样便于冲洗和消毒,鸡舍的墙壁上要设有进出气窗孔。

养鸡的设备包括保温设备、饲养设备和光照设施三个方面。保温设备有火炉、保温伞、红外线灯。饲养设备有料盘、料桶和饮水器。饮水器式样有手提式和吊挂式两种。光照设施:每 20 平方米安装一个带灯罩的灯头,每个灯头准备 40 瓦和 15 瓦的灯泡各一个。育雏初期(1~7 日龄)为防止鸡远离热源而受凉,在保温伞周围可用厚纸板或席子圈起,护圈高 15 厘米,与保温伞边缘的距离为 70~150 厘米。

（3）饲喂技术

①充足的饮水。在整个饲养过程中,鸡的饮水量大约是采食饲料量的 2～3 倍,气温愈高饮水量愈多。雏鸡入舍后,先要人工引导雏鸡饮用 20℃左右的含糖量 5％的糖水,雏鸡饮水 2～3 小时后才能开食。第一周内雏鸡饮用水的温度应在 20℃,而且可以加入一定量的可溶性维生素。饮水器数量要够用,并且要摆放均匀。饮水器的高度也应该随着雏鸡的生长逐渐调整,使饮水器的边缘与鸡背保持相同的高度,防止饮水外溢,保持垫料的干燥,饮水器要保持清洁,每天要清洗和消毒 1～2 次。

②丰富的营养。三黄鸡的生长需要丰富的营养,饲养三黄鸡的饲料一是要求营养成分齐全,任何微量成分的不足或缺乏都可能出现病态反应;二是要求高能量、高蛋白质;三是要求饲料里的各种营养比例配合恰当。

三黄鸡的饲料供应分为两个阶段,育雏阶段饲料一般用粉料或加工成碎粒,育肥阶段饲料最好用颗粒饲料。在 1～3 日龄,为了让雏鸡尽快学会采食,每隔 2～3 小时喂料一次;4～28 日龄每隔 4 小时喂料一次;29 日龄后每日加料 4 次。

1～7 日龄的雏鸡用开食盘饲喂,7 日龄以后要逐步改用料桶饲喂,12 日龄后完全用料桶饲喂。料桶的高度要随着鸡的生长速度而调整,保持与鸡背同一水平,以免啄出饲料。

③良好的环境。三黄鸡 1～2 日龄所需温度为 32℃～34℃,此后每过一周环境温度可下降 3℃,到 5 周龄后环境温度以 20℃～21℃为宜,最低不得少于 16℃。在育雏期,鸡舍内温度每天可上下波动 1℃～2℃,造成适当的温差,可以刺激食欲,提高采食量,促进鸡的生长。

育雏第一周,鸡舍内保持 56％～70％的稍高湿度,防止雏鸡脱水,影响健康和生长;两周后鸡舍内湿度控制在 55％～60％。同时要注意鸡舍的通风换气,及时排除鸡舍内污浊空气。

④适当的光照。饲养三黄鸡需要适当的光照,其目的是延长采食时间,增加摄食量,加快生长速度。通常 1～2 日龄用 24 小时光照,3 日龄后每天光照 23 小时,夜间关 1 小时保持黑暗,使鸡能适应突然停电时的环境变化,防止引起鸡群堆集死亡。光的亮度在育雏期的第一周要强一些,每平方米地面 2～3 瓦,第二周后的每平方米 0.75 瓦,防止过分活动或发生啄癖。

⑤适当的密度。要保证每只三黄鸡在不同生长阶段都占有必要的

地面面积,使其自始至终保持适宜的密度,这是三黄鸡饲养成败的一个关键。三黄鸡的饲养密度通常以出售时的每平方米载鸡数来计算。采用地面厚垫料平养方式时饲养密度为每平方米 11～14 羽,采用网上平养方式时饲养密度为每平方米 14～16 羽。

(4)疾病防治。一是要实行"全进全出"制,减少交叉感染机会,切断传染病的流行环节,从而保证鸡群的安全生产。二是做好消毒工作。要对鸡舍及舍内设备进行彻底的消毒;人员、车辆进出均应消毒;每周至少1 次带鸡消毒,定期清理消毒鸡舍周围的环境,加强垫料管理,保持垫料干燥、无霉变。三是制定合适的免疫程序。

4. 杏花鸡的饲养

杏花鸡因主产地在广东省封开县杏花乡而得名,当地又称米仔鸡。杏花鸡体质结实,结构匀称,具有早熟、易肥、皮下和肌间脂肪分布均匀、骨细皮薄、肌纤维细嫩等特点,同时还具有抗病力强、适应性广、耐寒又耐热的优良特点,其饲养条件相对比其他鸡粗放,是我国活鸡出口经济价值较高的名鸡之一。

杏花鸡的饲养技术要点如下:

(1)建舍。鸡舍建筑结构可以是砖瓦屋、铁皮屋、石棉瓦屋、沥青屋。饲养密度为开放式鸡舍笼养每笼(30 厘米×45 厘米)养一只,在地面铺上垫料的鸡舍每平方米养 6 只。

(2)饲养方式

①厚垫料养鸡法。厚垫料养鸡法指的是在一固定鸡舍中,开始时铺垫 5～10 厘米厚的垫料,种鸡生活在垫料上,粪便也排在其上,以后经常用新鲜的垫料覆盖于原有垫料之上,到一定时期才一起清理垫料和粪便。该法具有投资少、劳动强度低和减少破蛋率的优点,但在多雨地区应用该方法时一定要做好防潮工作,以免垫料潮湿肮脏,诱发鸡球虫病和呼吸道病。

②山坡地饲养。山坡地饲养也是一种实用的平养方式。其好处是山坡地农村到处都有,地价便宜,不占耕地;地方空旷,空气清新,有利于种鸡生长和繁殖;地势高燥,清洁干爽,不易藏污纳垢,利于防疫;密度疏,且让种鸡摄取到各种微量成分,不会产生啄癖;可结合山坡种果,禽果双收。

③笼养种鸡。笼养种鸡方式也被越来越多的鸡场接受和使用,其优

点是:增加单位面积养鸡量;减少鸡舍投资;产蛋率提高;公鸡利用率提高;减少疫病;管理方便,均匀生长;公母鸡可用不同营养的饲料饲喂;减少修补栏舍,减少围网;方便注射、选种和淘汰。

(3)饲料营养。繁殖期种母鸡饲料应含代谢能、粗蛋白质、钙、磷、有效磷、食盐;从氨基酸方面考虑,应含蛋氨酸、赖氨酸。

(4)饲养方法。种鸡饲料以干粉料为好,不适宜采用颗粒料。每天的饲料可以分两次投喂,每次加料量不能超过饲料槽的1/3～1/2,每次都让鸡将所加的饲料彻底吃完,即下次加料时槽内不能有剩料。

在产蛋量增加前提高饲料量。产蛋量达5％后2～3周内,饲料增加,母鸡每天平均耗料80～85克/只,产蛋高峰时可按90克/只供给。鸡群产蛋高峰过后,调整饲喂量(减少饲料):产蛋量开始下降4％～6％后,可在3～4天内每100只鸡减少日粮量约200克,如果造成鸡的产蛋率非正常下降则需立即改回原来饲料量。

(5)饮水的供给。鸡饮水不足时,饲料消化不良,血液浓稠,体温上升,对鸡健康和生长、产蛋都有极不良的影响。停止供水24小时以后,母鸡产蛋量下降20％,并且不易恢复正常。因此,供给充足的合乎饮用标准的水是保证鸡健康和高产的关键措施之一。

(6)光照强度。合理的光照必须体现下面几点:光照时数均匀、种鸡补充光照不能忽亮忽停、补充光照要定时准确。

(7)种蛋的收集。饲养种鸡,每天必须收集5次蛋,第一次在早上上班后,第二次在上午10时进行;此外,在上午下班前、下午上班后和下午下班前再分别收集一次。每次捡蛋先捡干净的,再捡脏的、破的,分开放置。产在运动场或地面的蛋,若太污脏的,都应弃去,不用作种蛋。

(8)异常蛋的防治。异常蛋包括形状不正常蛋、软壳蛋、破壳蛋等。蛋的大小主要由基因型及种鸡的产蛋月龄而定,但饲料中缺乏蛋氨酸及必需脂肪酸如亚油酸时也能产生小蛋。当鸡受光照过度刺激或受应激之时,蛋在子宫停留的时间过短,产出来就成为无壳蛋;营养不平衡有时也会产生无壳蛋。蛋壳不全或变形是由于种鸡受不良刺激引起输卵管异常蠕动,或由某些疾病引起,如白痢病、新城疫病和传染性支气管炎等。

破蛋率高的原因是缺乏钙或维生素A和D,以及有关的营养成分不平衡等。也与管理不善有关,如产蛋箱不够、产蛋箱底板过硬或坡度过

大、集蛋次数少等。另外,母鸡有啄蛋癖时破蛋也增多。

5. 乌骨鸡的饲养

乌骨鸡营养价值高,胆固醇含量低,富含氨基酸、黑色素和游离脂肪酸等,能够增加人体红细胞的血红素含量、调节生理机能、增强免疫能力,为滋补和药用的理想食品。

乌骨鸡的养殖技术要点如下:

(1)鸡舍建设。鸡舍一般选择在交通方便、道路平坦、水源充足、鸡舍周围没有噪声源和污染源的地方。鸡舍的形式有多种,家庭养殖一般选择开放式鸡舍或大棚式鸡舍。

开放式鸡舍长 20～30 米、宽 6～9 米、高 4～5 米,用砖砌成。每间鸡舍留 2 个对流的窗户,每 2～3 间留一个门。为了便于防疫和打扫卫生,地面用水泥砌成。

大棚式鸡舍建造与蔬菜塑料大棚相似,用水泥棒和竹竿等建造,高度 2.5～3.5 米,用双层塑料薄膜覆盖,有些在双层塑料薄膜之间放入作物的秸秆,增强防寒和防暑能力。冬天鸡舍四周用塑料薄膜封闭,夏天为便于通风,用尼龙网封闭。

(2)养鸡设施。农村家庭养鸡多采用地面平养或离地平养等形式。离地平养一般在离地面 70～100 厘米的高度,搭建用木条或竹片等制造的鸡床。乌骨鸡饲养需要的其他设施还有食料槽、供水设施等,规模较大的家庭养殖户,还要有通风设施、供暖设施和补光设备等。

(3)选择适宜的乌骨鸡品种。目前我国乌骨鸡的品种较多,各地主要的优良品种有十全丝羽乌骨鸡、八全丝羽乌骨鸡、江西白羽乌骨鸡、郧阳乌骨鸡、盐津乌骨鸡、雪峰乌骨鸡、苏禽黑羽乌骨鸡、川南黑羽乌骨鸡等。各地可根据当地的消费习惯,选择适合本地的优良品种进行饲养。

(4)雏鸡的饲养管理。0～7 周龄为育雏期。育雏前育雏室要彻底消毒,四周墙壁、地面等首先进行消毒,再用石灰乳刷白,最后按每平方米用福尔马林(含 40％甲醛)14 毫升,加水 20 毫升,加热蒸发进行熏蒸消毒,并密封 1～2 天。

选择体格健壮的强雏,淘汰有病、发育不全的弱雏进行饲养。出壳后24～36小时,开始用温水饮水。最初几次的饮水中可以加入 0.01％的高锰酸钾,经过长途运输的雏鸡还要加入 5％的葡萄糖或蔗糖,增加雏鸡的能量。

饮水后开始喂食,雏鸡开始喂食的饲料为经过开水浸泡的小米、碎米等,2～3
天后开始喂养雏鸡配合饲料。喂养时少喂勤添,喂食时间相对固定。

雏鸡对温度比较敏感,育雏初期室内温度应控制在 22℃～24℃,3
周龄时接近室温,室温最低应保持在 18℃。育雏室内保持 60％～65％
的相对湿度,要经常通风,防止有害气体在室内积存,但注意不要使室内
温度大起大落。1～3 日龄的雏鸡保持 23～24 小时的光照,4～14 日龄
保持 16～19 小时的光照,15 日龄后保持 8～9 小时的光照。日照不足时
进行人工补光。

雏鸡的饲养密度因雏鸡的大小和饲养方式而不同。地面平养 2 周龄内
每平方米饲养 30 只,3～4 周龄每平方米饲养 25 只,5～6 周龄每平方米饲养
20 只。雏鸡应分别在 10 日龄和 12 周龄进行 2 次断喙。在饲养的整个过程
中经常做好病害的防治工作,做好日常的防疫,及时注射各种疫苗。

(5)商品鸡的饲养。8～9 周龄的乌骨鸡为商品鸡。商品鸡的饲养密
度,在平养情况下每平方米 10～12 只。商品鸡生长快,日粮中必须有较
高的能量、蛋白质、维生素和矿物质等,在日粮配合时要充分利用本地的饲
料资源,并结合自然放养,减少投资成本。为了加快商品鸡的生长,饲料供
应量要充足,让其自由采食。乌骨鸡饲养一般应用干粉饲料,并配搭
10％～20％的青饲料。在饲养过程中,保持安静的环境,及时观察鸡群的
反映,做好病虫害防治,当乌骨鸡体重达到 1 千克左右时就要及时出售。

(6)蛋鸡的饲养管理。乌骨鸡一般在 21～72 周龄为产蛋期。产蛋
鸡地面平养每平方米饲养 5～6 只。产蛋鸡对蛋白质和钙的需求量较
大。产蛋期间要保持充足的光照,光照时间保持 16 小时左右,光照不足
要进行人工补光。夏季注意防暑降温,鸡舍内温度应控制在 30℃以下;
冬天注意保暖,鸡舍内温度应高于 8℃;春秋季节注意鸡病的防治。做好
产蛋鸡的换羽工作,防止抱窝等,提高产蛋率。

(二)鸭的饲养

鸭为餐桌上的上乘肴馔,也是人们进补的优良食品。在中医看来,
鸭子吃的食物多为水生物,故其肉性味甘、寒,入肺胃肾经,有滋补、养
胃、补肾、止咳化痰等作用。鸭子全身都是宝,烹调方式多样,市场需求
量大,因此规模化养鸭亦是一项操作性强的致富项目。

1. 麻鸭的饲养

麻鸭因毛色与众不同,白灰色的鸭毛上带有褐色麻点,故而得名。麻鸭是我国优良的蛋用型鸭种之一,有"禽中明珠"之称,全身都是宝。

麻鸭的养殖技术要点如下:

(1)保温。从出壳到 30 日龄为雏鸭。气温较低时,应把雏鸭放进提前供温的室内。第一周温度控制在 28℃~30℃,第二周 25℃~27℃。以后每周下降 3℃~4℃,至室外温与室内温接近时不再加温。温度是否合适,可根据雏鸭表现进行调整。

(2)光照。1~3 日龄雏鸭需 24 小时的光照,3~10 日龄需 12 小时光照。一周后天气晴暖时,将鸭赶到室外运动,并逐日增加运动量。

(3)合理的密度。一般掌握在每平方米 18~20 只。随着日龄的增大,降低饲养密度。

(4)育雏舍管理。育雏舍一周换晒一次垫草,并在中午打开窗门通风换气。

(5)及时试水开食。在雏鸭出壳后 24~26 小时,把雏鸭放到 20℃~25℃的浅水盆内,仅使鸭脚浸水,让其边饮水边嬉水。并把煮至八成熟的小米或碎绿豆撒在草席或深色塑料布上,让其自由采食。3 日龄后加喂青绿饲料,由少到多,但不可超过日粮的 1/3。5 日龄后改喂配合饲料。

(6)开荤。3 日龄补给小鱼、小虾和蚌、螺,日喂量由少到多,逐渐增加。

(7)日粮的配合。把饲料配成高能量、高蛋白、营养全面的日粮,其营养水平为代谢能 11.297~12.552 千焦/千克,粗蛋白 19%~20%。

2. 番鸭的饲养

番鸭是当今世界上最优秀的瘦肉型鸭。肉质细嫩,味道鲜美,具有野禽风味,是烤全鸭的高档品。鸭绒皮是制裘衣的高档原料。

番鸭的养殖技术要点如下:

(1)选择雏鸭。按番鸭的羽色不同,有白番鸭、黑番鸭和黑白花番鸭之分。在采购雏鸭时,根据产品用途,如供厂方加工或分割的宜选白番鸭,如供活鸭零售的宜选黑番鸭或黑白花番鸭。

(2)保温。一般从出壳到 3 周龄为雏鸭。雏番鸭比水鸭耐热,需要较高的环境温度,一般 1 日龄时温度要达到 35℃,以后每日下降 1℃,至20 日龄或 20℃时脱温,因而雏鸭期须注意保温。

（3）保证光照。出壳雏鸭3天内需昼夜光照,如育雏室光照不足,可用电灯来补充。以后可逐渐减少光照时间;对于有鼠害的地区,应整夜点15～25瓦电灯,晴天尽量让阳光充分照射。

（4）饮水喂食。雏鸭出壳后24小时,先饮水,后开食。雏番鸭宜用玻璃瓶饮水器给水,以不至于沾湿鸭毛。喂料时间不宜过短,可选用较深的料槽给料。

（5）雏番鸭防扎堆。雏番鸭入舍饲养的前10天,夜间常扎大堆睡觉,极易引起死亡。所以饲养雏番鸭时,每个小间养鸭数不得超过200只,且每隔2小时要将成堆的鸭群扒开,直至鸭群不扎堆之日为止。

（6）防止鸭子打斗。如果饲养环境污秽、拥挤和空气不流通,冬春季极易发生啄斗,有时鸭子互相啄得鲜血淋漓。故应在1周龄时将雏鸭喙前端的1/4剪掉,并对断面进行消毒（碘酒或烙铁）。农村中有的养鸭户在中后期敞放或水塘饲养,雏鸭则不需断喙。

（7）中雏鸭（一般指4～7周龄的鸭）的饲养。此阶段鸭生长最快,食量大增,尤喜食动物性饲料,所给饲料可减精加粗。多数专业户采用圈养办法,但也有采用放牧加补料的,即使圈养,一般鸭舍边都有江河池塘,让鸭戏水。由于番鸭不会换毛,特别怕热,因此在夏秋季应注意鸭舍的通风与凉爽。

（8）番鸭的育肥。番鸭一般在50～60日龄开始育肥,肥育20～30天,当皮下与腹内脂肪沉积形成时出售。在此期间,适当增加能量饲料比例,限制其运动,保持安静、干燥、清洁的环境,促进鸭的肥育和羽毛整洁,有利于销售。

3. 骡鸭的饲养

骡鸭抗病力强,是当今世界上最优秀的肉用型鸭。其肉质细嫩,味道鲜美,富含多种氨基酸和微量元素,经常食用有壮阳、补肾、强体、抗癌等功效,符合当前人们的消费时尚。

骡鸭的饲养技术要点如下:

（1）选雏。骡鸭从出壳到25天称为幼雏。挑选绒毛光亮、腹部柔软有弹性、肛门清洁、腿粗、嘴大、眼睛有神、活泼健壮的雏鸭。剔除歪头、瞎眼、跛脚、血脐雏鸭。

（2）保温。雏鸭出壳后7天内室温保持在27℃～30℃;7天后,每天

可降温 1℃;15 天后保持在 15℃左右;20 天后即按常温饲养。育雏前期若气温低,可在箩筐内厚垫切短的干稻草,做成平底窠。每箩筐放雏 10~20 只,上盖旧衣、被絮(注意透气),使雏鸭互相依偎保温。

(3)开食。雏鸭出壳 20~24 小时即可开食。开食时先饮水后喂料。可将水盛入浅口水盘,中央加盖,只露出有水的盘边,让雏鸭围盘学饮。饮水后及时将煮得半生半熟、不软不硬的米饭,用清水浸泡,除去黏性,沥水后拌入白糖,撒在垫有塑料布的摊盘或漏筛内,让雏鸭学啄吃。

(4)饮水和喂料。自开食第二天起至第四天,每天饮水、喂食各 5~6 次,5~15 天为 4~5 次,15 天后为 3~4 次。饲料仍用半生半熟、不软不硬的米饭,但从第四天起不加白糖,改加配合饲料,数量由少到多,至第十天时全喂配合饲料。

(5)放水。雏鸭出壳 2~5 天后即可用漏筛装雏放入水中 5~7 分钟,先湿脚,再徐徐下沉,让其游泳、洗绒,以后便可每天定时放水。7 天前每天放水 2~3 次,每次 10~20 分钟;7 天后,即可每次喂料后放入 8~10 厘米深的浅水围中;15 天后,围内水深增至 15~20 厘米。

(6)舍饲育成。场地可选在塘库或河湾旁边,也可在庭院空处。圈舍要空气流通,舍内用竹条搭制 60 厘米高的分格鸭栏,每格 5 平方米,可养鸭 20~30 只。在靠人行道侧的栏外挂食槽和水槽。配合饲料参考配方:玉米 62%、麦麸 15%、炒豌豆 6%、鱼粉 7%、菜籽饼 7%、骨粉 2.8%、食盐 0.2%。每天喂 4 次,边喂料边供水,让其吃饱。同时要补充青料,一般青料与配合饲料的比例为 1:1~1:1.5。

(7)放牧育成。可放入稻田、塘库、溪渠、河湾等水域。放牧时间一般上、下午各一次,上午在 11 时前,下午在 16 时后,同时每天补喂配合料 2~3 次,可按舍饲中雏鸭的饲料配方配制。短期育肥主要为了提高骡鸭肥度,使肉质更加鲜美细嫩。当中雏养到 55 天后开始育肥最为适宜。育肥期间要使用高能量、低蛋白的配合饲料。实行填喂育肥,将配合饲料加水调成干糊状。用手摸到皮下脂肪增厚、翼羽的羽根呈透明状态时,即可上市出售。

(三)肉鹅的饲养

鹅以食草为主,受到的各种污染较少,在开发生产无公害食品和有机食品、绿色食品等方面,有很大的潜力。肉鹅全身的利用价值都很高,养殖肉鹅无论是经济效益还是社会效益都比较高。

肉鹅的养殖技术要点如下：

(1)养殖方式。农村养殖肉鹅有圈养和放牧等形式。圈养要建造鹅舍等；放牧最好的形式是选择河道围河养殖,利用河两岸的青草和河内的水草放养肉鹅。

(2)选择优良的肉鹅品种。大型鹅有狮头鹅等,中型鹅有皖西白鹅、四川白鹅、溆浦鹅、浙东白鹅等,小型鹅有太湖鹅、豁眼鹅、乌鬃鹅等。国外的主要肉鹅品种有莱茵鹅、朗德鹅、意大利鹅等。各地利用本地鹅与引进品种进行杂交,培育了一批杂交品种,可选择适合当地养殖的杂交品种进行养殖。

(3)雏鹅的饲养管理。鹅的育雏期是指从出壳到 4 周龄。育雏 1 周前用福尔马林对育雏室进行彻底消毒。育雏温度 1 周龄内保持在 29℃～27℃,每 3 天降 1℃。育雏室要经常通风,保持相对干燥,相对湿度保持在 60%～70%。育雏期间还要保持一定时间的光照,自然光照不足的情况下应采取人工补光的方法。

雏鹅出壳后 24～30 小时开食,开食前让其自由饮水 3～5 分钟,饮水中每 1 千克水加入 500 毫克高锰酸钾。开食宜用黏性小的粳米,配搭一些青菜叶等。雏鹅在 1 周内每天喂养 6～9 次,每 3 小时左右喂养 1 次；2 周后每天喂养 5～6 次,其中夜里喂养 2 次；第三周时每天喂养 4 次,其中夜间喂养 1 次；第四周后白天以放牧为主,早、中、晚各补饲 1 次。

(4)中鹅的饲养管理。中鹅是指 4 周龄以上到转入育肥前的青年鹅。中鹅对外界的适应能力增强,采食量大,耐粗饲料。饲养特点以放牧为主,同时注意补充一定量的精饲料。初期放牧时间不要太长,一般上、下午各 1 次,中午休息 2 小时。随着鹅的采食量增加,放牧时间逐渐延长,放牧地点选择在有水、有草的河边进行,最好是围河放牧。放牧时当鹅群吃到八成饱时,应及时把鹅赶到水池内自由饮水、洗澡、排便和整理羽毛,洗澡时间 30～40 分钟。经过洗澡后鹅的食欲大增,继续采食。一天中至少进行 3 次洗澡。

(5)育肥鹅的饲养管理。中鹅养到主翼羽毛长出后(60～70 日龄)转入育肥期。育肥方法有放牧和舍养两种形式,家庭养殖一般采用放牧和舍养相结合的方式。育肥期间注意增加饲料的喂养量,保持育肥场所较弱的

光线和鹅群的安静,经过 15 天左右的育肥后即可上市出售或屠宰加工。

育肥鹅生长结束后,如果对肉鹅进行填饲喂养,增加淀粉多的饲料,可以培养出肥肝鹅。

鹅各个生育时期疾病较少,但在饲养过程中仍要加强防疫和疾病防治,防止大量死亡。

(四)肉鸽的饲养

肉鸽也叫乳鸽,是指 4 周龄内的幼鸽。其特点是:体型大、营养丰富、药用价值高,是高级滋补营养品。肉质细嫩味美,为血肉品之首。

肉鸽按其生长发育阶段,可分为雏鸽、乳鸽、童鸽和种鸽,各阶段鸽的生理特点和用途不同,饲养管理的要求也不同。

肉鸽的养殖技术要点如下:

(1)雏鸽的饲养管理。雏鸽是指 1～15 日龄的幼鸽,与其他家禽不同,雏鸽出壳后由父母亲鸽共同负担育雏任务。1～3 日龄内,亲鸽吐出较稀的鸽乳哺喂,至 4～8 日龄则吐出较稠的鸽乳来哺喂,9 日龄后,亲鸽逐渐用经嗉囊内液体浸润的籽实和少量鸽乳混合物饲喂雏鸽,此时,是饲喂雏鸽的一个难关。

刚出壳的雏鸽体弱、不睁眼,要靠亲鸽伏巢才能保持体温,所以,雏鸽出壳 10 天左右,亲鸽仍像孵化时一样,每日轮流护理,然后才逐渐离巢。1 周龄左右的雏鸽才开始睁眼,可以看见周围的东西,但视力较弱。当幼鸽针羽显露时,可以初步辨别羽色。至雏鸽 15 日龄左右,勤于繁殖的母鸽又开始交配,为产下一窝蛋做准备,而由公鸽全部承担饲养雏鸽的任务。

(2)乳鸽的肥育。15～20 日龄的幼鸽称为乳鸽,最适于人工育肥。若超过 30 日龄,育肥效果显著降低。育肥期饲料可以黄玉米、豆类、糙米、小麦组成的混合料粉碎后制成颗粒状饲喂,或将黄玉米、豆类、糙米和小麦用清水浸泡后再喂。每天喂 3 次,即 8 点、14 点、20 点各喂 1 次,每次喂量适中。也可用人工填喂或用灌服器人工灌喂。

(3)童鸽的饲养管理。童鸽是从肉用乳鸽中选出作种用的幼鸽,一般 20～30 日龄开始选留,从 30 日龄到性成熟配对繁殖前这段时间称为童鸽。童鸽期已转为独立生活,觅食力和抗病性逐渐增强,但应搞好过渡期的饲养管理,以及全期定向培育。一般要求饲养场地干燥、保温、通风和光线充足,饲料营养全面,颗粒较小,表面光滑。

童鸽每天早、中、晚饲喂 3 次,定时定量。童鸽到 50 日龄进入换羽期,这时将公母鸽分开饲养,防止早配、早产蛋影响童鸽生长发育。同时,要进行复选工作,选择优秀鸽作种用,待到 6 月龄时即可配对进入繁殖期。

(4)种鸽的饲养管理。种鸽配对后,要让它们亲近、熟悉自己的巢箱(笼),必要时可在巢箱内关 1～3 天。新开产的种鸽,有的孵蛋性能差,经常离巢外出活动,遇到此种情况,也可将亲鸽关在巢内,放入食槽、饮水器四周遮盖起来,减弱舍内光线,让种鸽安静孵蛋。高产鸽一般在雏鸽出壳后 30 日龄后可产下一窝蛋,这时可出现一边孵蛋一边饲雏的情况,这时要给种鸽添加营养丰富的饲料,以保证种鸽、雏鸽的健康。

种鸽在夏末秋初开始换羽,时间为两个月,除个别高产鸽一边产蛋一边换羽外,一般都要停止产蛋,所以,换羽期的种鸽应降低饲养水平、减少喂量,这样可以加快换羽时间。

三、特种畜禽养殖

特种畜禽属于稀有畜禽种类,它们要么皮毛价值连城,要么肉味鲜美,要么药用价值不菲,因而市场需求极大,开发前景广阔,发展潜力巨大。农民朋友不妨选择一些最可靠、稳赚的养殖门类,把握住有利时机,进行产业化养殖,从而使自己走上致富之路。

(一)白狐的养殖

白狐,属食肉目犬科,抗病力强,成活率高。白狐全身是宝,其皮是裘皮中珍品,其肉细嫩美味,营养丰富,是理想的保健食品。

白狐的养殖技术要点如下:

(1)科学选种,细心观察。选购种狐时要选择体形匀称、活泼好动的健康育成狐,皮毛色泽符合品种标准。公狐以后肢粗壮、尾长而蓬松者最佳。购狐者应亲临现场,对欲购狐群的饮食、粪便、情态等仔细观察,还能够看出有无疫情。

(2)科学饲养,精心管理。狐狸饲料一定要新鲜,营养全面,易消化。

在日粮中以动物性饲料为主,约占 65%,主要种类有小杂鱼、海杂鱼、鱼粉、禽畜下脚料等;植物性饲料为辅,约占 35%,主要种类有玉米、小麦、稻谷、黄豆、蔬菜等;同时要增加土霉素、大麦芽和维生素 A、E、C 的供给量,从而保证营养充分。在母狐产崽期间,应增加蛋类、乳类食料。

(3)掌握发情,抓好配种。每年到 2 月中旬,应注意狐狸的吃食量,一旦发现减食,出入笼舍非常活跃,撒尿频繁,尿液变淡黄色,就可放对试情。试情时,如母狐愿意接近公狐且接受爬跨,就视为发情旺期,可马上放对配种。

(4)预防疾病,抓好防疫。每年在 7 月份和 12 月份用犬瘟热、病毒性肠炎、脑炎等疫苗进行逐个防疫接种。并用药物对狐体内外寄生虫进行一次性驱除,防止各种疾病及传染病的发生。每只狐狸每周喂给土霉素 1 粒,做到有病早治、无病早防。

(二)貉的养殖

貉又名狸、貉子、毛狗、土獾等,我国分布极广,几乎遍及全国各省区。貉的皮张是非常好的服装材料,貉肉是珍稀的营养丰富的野味食品,具有较高的经济价值,养殖前景广阔。

科学养貉必须把好以下几道关:

(1)把好品种关。可选择乌苏里貉及类似的北方品种,其特点是体型大、毛长色深、底绒丰厚、品质优良等。

(2)把好质量关。养殖饲料好坏是提高质量的关键,主要食物有鱼、肉、蛋、乳、血及牲畜内脏、谷物、糠麸、饼粕和蔬菜等,因此要严格把好质量关,科学饲养。

(3)把好繁殖关。北方地区配种应根据天气情况选择 1 月下旬至 4 月下旬,貉的妊娠期为 54~65 天,平均为 60 天左右。貉是多胎动物,每胎平均产崽 8 只左右,最多可达 19 只。分娩持续时间 4~8 小时,个别也有 1~3 天的,一般每 10~15 分钟娩出 1 只仔貉。仔貉娩出后母貉立即咬断脐带,吃掉胎衣和胎盘,并舔仔貉身体,直至产完才安心哺乳。

(4)把好防逃关。貉除可笼养外,也可圈养。圈舍的地面用砖或水泥铺成,以防貉挖洞逃跑。四壁可用砖石砌成,也可用铁皮或光滑的竹子围成。其饲养密度以每平方米 1 只为宜,每圈最多可养 10~15 只。

为保证毛皮质量,圈舍必须加盖防雨雪的上盖。

(5)把好消毒防病关。养貂场有物理消毒法,如清扫、日晒、干燥及高温火焰消毒;有生物消毒法,主要是对粪便、污水或废物作生物发酵处理;有化学消毒法,即用漂白粉、氢氧化钠等化学药物杀灭病原体。一旦发现疾病或疫情,应及时请兽医确诊。

(三)林麝的家养

林麝,又叫香獐、香子。动物学专家根据其体型大小及毛色分为三种:麝、马麝及林麝。麝香是我国传统的名贵药材和高级香料。

林麝的养殖技术要点如下:

(1)掌握其生活习性。林麝属于典型的山地动物,不栖息深山老林,多分布于松栎阳坡山地和疏林草坡上。多在黄昏和夜间活动觅食。它性情怯懦孤独,很少成群结伙;还喜凉爽,怕曝晒,避暑热;行动敏捷,善爬悬岩陡壁;喜食苔藓、苔草、竹叶、蕨草及芳香性树叶嫩枝。在人工饲养条件下,白天多卧于舍内墙角或僻静处反刍打盹。

(2)圈舍选建。首先要选择距公路、厂矿300米外,环境比较安静,地势干燥通风及排水良好的地方作圈址。圈的面积要因地制宜,根据饲养量来确定。圈的周围要建3米高的围墙,墙周围可栽植一些杏、桑、核桃、苹果树木,以供麝采食和遮阳。同时圈内还要盖避雨棚,在圈的一侧或两侧要建造单圈,单圈门要与大圈门相通,单圈要求能避风挡雨、光线阴暗,用于母麝产崽、哺乳及病麝隔离等。大圈主要用于平时群养母麝,配种期公母可以合群。圈内要设食槽、水槽。

麝不仅可以圈养,也可以笼养,笼养有便于观察、易于捕捉、造价低廉的特点。笼要安放在安静的环境处,尽量不要让生人接近,以免林麝受惊,更不要让小孩用棍子乱打乱捅。

(3)饲养管理。麝是草食动物,可供其食的野生饲料有100多种,常食植物有30余种,在人工饲养条件下,日食量为粗饲料(青草、野菜、树叶、地衣、苔藓等)1.5千克、精饲料(玉米、大豆、麸皮等)200克、食盐1克。精料喂时要粉碎,有的还要煮熟后再喂,如黄豆。

无论是圈养还是笼养,都要设饮水盆,盆内要不断水,夏天最好是凉开水或稀释盐水,冬天最好是温开水。

麝混养会出现以大欺小、以强欺弱，以及公母互相追逐的现象，对其生长发育及繁殖非常不利，应分群或分圈饲养。分群要把公母分开，大圈主要饲养成年母麝，小麝弱麝最好单独喂养，公母只要在配种期合群。圈内经常保持安静、清洁、干燥、通风，无论是圈舍还是运动场，每季都要消毒一次，食水槽每天要洗刷，要定期消毒灭菌，防止疾病传染，严禁其他畜禽进入圈舍。

（4）麝的繁殖。麝在 1.5 龄性成熟，2 龄以后配种，但公麝 3.5 龄开始配种比较好。一头公麝可配 3～5 头母麝，公麝在 3.5～13.5 龄时配种能力强，超过龄期应及时更新。公母麝发情时间不同，公麝从当年 9 月开始到翌年 4 月结束，母麝则从当年 10 月开始至翌年 3 月结束，因此配种时间可选择在 11～12 月份配。母麝受孕后，食欲增加，应注意添加营养。次年 5～6 月份产崽，每胎产崽 1～3 头。产后 2～3 小时，可给母麝少量饮水。饲喂新鲜、优质、易消化的饲料，3～5 天不要惊扰母麝。产房要保持温暖、干燥，并在光线较暗处放些干草，以供母麝卧息。

（5）人工取香。公麝从 1 龄开始泌香，3～13 龄为泌香盛期，此后逐年减弱，20 龄以后仍有少量泌香。人工取香应掌握麝的泌香时间。5～6 月份为泌香盛期，此时雄麝精神兴奋，香囊膨胀，拒食停便 5～9 天，一般 1 周后恢复正常。再过一段时间，待香包内液体变为褐色粉末或颗粒后开始取香。其方法是：将麝保定好，左手按住香包体，右手用掏勺插入香包内，像人掏耳朵一样，慢慢转动，然后往外抽动，使香落到盛香盘内。千万注意取香时不能掏取香包。麝香取出后，捡净杂质，干燥后保存于密闭的小瓶内，以防发潮。

（四）野兔的圈养

野兔肉质细嫩、香醇、味美，并含有丰富的人体所需的营养物质，特别是胆固醇含量很低，是消费者特别是心血管患者及肥胖者理想的动物蛋白食品。

野兔的圈养管理技术要点如下：

（1）圈舍的准备。根据不同的条件，可修建砖混结构的圈舍，也可利用废弃的猪圈、牛圈、羊圈和鸡鸭舍稍加改造后进行饲养。在改造或修建圈舍时要充分考虑到通风、采光、保温、防潮，创造一个冬暖夏凉的饲养环境,这样才能提高野兔的生产能力和出栏率。圈舍地面要用水泥抹平,以便于清洁卫生。由于野兔喜干怕潮,所以在圈内应铺上垫网。圈内要留有通道,以便于生产操作,同时垫网下的地面要做好排尿沟。圈舍建好后要充分清洗,然后用烧碱之类的消毒药彻底消毒后待用。

(2)野兔的引种。野兔的引种关系到饲养的成败,引种时应考虑到品种、系谱、免疫、月龄和相关的其他疾病等因素。购种时要对野兔进行全面检查,观察兔的精神状态及粪便情况,两眼要有神,两耳要竖立,四脚粗壮有力,膘情中上;公兔睾丸要发育正常、对称;母兔外阴正常,乳头对称并在 4 对以上。引种时公母比例以 1：5 为宜,能节约成本。种兔到场后要观察 10～15 天,在这期间应对种兔进行驱虫、编号、预防注射等。

(3)种兔繁殖期的饲养管理。将每组种兔放入事先固定好的饲养栏内,让其自由交配,每隔 15～20 天检查一次,看其是否受孕。检查方法是：右手提起后颈宽皮,使头面向内,左手托住母兔的下腹,拇指、食指和中指同时向后腹腔摸索,摸到有花生粒样大小、椭圆形、柔软而有弹性、滑来滑去不易固定的东西时,说明母兔已经有孕胎。

母兔怀孕期为 30～35 天,临产的母兔采食减少或不吃,衔草做窝或拉毛垫巢,情绪不安,最主要的特征是临产的当天能从乳头挤出奶汁。这时就要将产仔箱准备好,在箱内铺上干净柔软的垫草后,将母兔转入其内。在产仔过程中切勿惊扰母兔,要让其安静生产,因野兔怕惊扰,所以无须接产,只要产后护理就行了。产仔完后的母兔可将其暂时移出产仔箱,待 5～8 小时后再让其喂奶。对初产的母兔往往要采取强制喂奶,连续训练几次后就能主动喂奶了。产仔刚结束的母兔应该供给一些糖盐水和新鲜的青草。对难产的母兔可用药物进行助产,效果很好。仔兔每天喂奶 1～2 次即可,无须增加饲喂次数。冬季应注意给仔兔保温。

(4)幼兔期的管理。仔兔断奶后到 3 月龄之间称为幼兔期。幼兔的抗病能力很差,很容易感染上疾病,所以饲养管理水平要求很高。应按体重大小、强弱分群,每 10～15 只为一群。要经常保持圈内清洁、干燥、通风、不潮湿,饲草饲料要绝对卫生,喂给优质的牧草,如菊苣、黑麦草、三叶草等。每天按"两精三青"饲喂,次数不宜多,分早、中、晚三次喂给即可,喂量不能过多,青料自由采食,做到喂量刚够不剩,精料则控制在八成饱。在雨季和冬季要注意疾病的预防,要做到早发现、早控制和早

治疗,使幼兔顺利过渡到青年兔期。

(5)青年兔期的饲养管理。幼兔饲养到 3 个月后即进入青年兔饲养期,在这个时期野兔的抗病能力相对增强,管理上适当可粗放一些。公母兔要分开饲养,以免过早交配,影响其生长发育。饲养上以青粗料为主,补充矿物质饲料,喂量可适当增加,粗料不限。5 个月后作种用的要开始限制精料的喂量;不作种用的则任其采食,育肥后出栏上市。

(6)野兔易发疾病的防治

兔病毒性出血症(兔瘟):该病对野兔危害极大,目前还没有特殊的药物来对其进行治疗,所以一定要以预防为主。45 日龄以上野兔均可用兔瘟弱毒疫苗或组织苗颈部皮下注射,可以很好地预防该病。

巴氏杆菌病:本病是一种条件性传染病,一旦野兔机体抵抗力下降时易突发该病。如果怀疑兔群发生该病后要立即用青、链霉素混合肌肉注射治疗,可很好控制本病。

球虫病:球虫病是一种原虫病,主要是因为圈舍卫生差,不经常换垫料而引起的一种寄生虫性传染病。发现该病后立即对整窝幼兔进行预防性投药,同时用消毒液消毒圈舍。

腹泻:腹泻主要是通过加强对野兔的饲养管理,注意野兔的防寒保暖,注意饲草饲料的清洁卫生和调节饲料来预防。发生该病要查明病因并进行对症治疗。

(五)火鸡的养殖

火鸡适应能力强,农作物秸秆粉碎成粉拌匀,可作为火鸡饲料,舍饲、放牧均可。

火鸡的养殖技术要点如下:

(1)品种选择。火鸡品种和变种很多,目前国内市场常见品种主要有三个:

青铜火鸡:原产美洲,因羽毛具有青铜的光泽得名,年产蛋 60 个左右,母火鸡体重 8 千克,公火鸡 16 千克。

尼古拉火鸡:由美国尼古拉火鸡育种公司选育而成,成年公鸡最大体重 25 千克,母火鸡 12 千克左右,年产蛋 60～80 个,羽毛纯白色。这种火鸡公母体重悬殊,自然交配受精率差,要施行人工授精,适合集约化工厂养殖。

贝蒂纳火鸡：原产于墨西哥。这种火鸡耐粗饲、增重快、饲料报酬高、抗病力强，年产蛋 90～120 个，公火鸡体重为 10 千克左右，母火鸡为 5 千克左右。这种火鸡自然交配受精率高，且自孵能力较强，适合农村专业户和农户散养，是一个理想的品种。

（2）饲养管理。种植牧草是整个火鸡饲养工作的重点。火鸡喜食的青绿饲料十分广泛，野草、蔬菜、树叶、水花生、甘薯藤和花生秧等都可。种植的黑麦草、菊苣、聚合草、鲁梅克斯等牧草都是喂火鸡的好饲料，也可以把牧草和农作物秸秆晒干粉碎与饼粕类、糠麸类合理搭配。

由于夏季雨水多、湿度大，精饲料很容易发生霉变，导致火鸡真菌中毒，需利用晴天晒干饲料，杜绝中毒事件的发生，霉变的饲料禁用。

及时清除场内各种污染物，定期消毒，选择对人禽安全、对设备没有腐蚀性、没有毒性残留的消毒剂。饮水要使用经检测的井水或自来水。

（六）野鸭的人工养殖

我国是野鸭人工养殖最早的国家之一，野鸭的肉质鲜美细嫩，为野味中的上品。野鸭蛋属于稀有禽蛋，市场价格较高，特别在城市，市场销售前景较好。

野鸭的人工养殖技术要点如下：

（1）野鸭的人工孵化方法。小规模地饲养野鸭，采用传统的孵化方法；大规模地饲养野鸭，一般需要购买由电脑控制的全自动孵化设施。孵化前选择受精率高的种蛋，进行清洗消毒，种蛋码盘，送入孵化室进行孵化。

野鸭的孵化有恒温管理和变温管理两种方法。恒温管理在 1～26 天内保持 37.2℃ 的温度，出雏期保持 37℃。变温管理，在 1～15 天保持 37℃～38℃，16～25 天保持 37℃～37.5℃，26～28 天保持 37℃。种蛋的孵化需要一定的湿度，且要进行适当的通风，保证种蛋能够得到充足的氧气，维持种蛋的正常新陈代谢。在孵化过程中，还要经常翻蛋，保持种蛋受热均匀和均衡发育。为了降低种蛋的温度，在孵化的中后期，采用开门、风扇降温或喷冷水的方式晾蛋。大批出雏，每天晾蛋 3～4 次。

（2）雏鸭的饲养管理。野鸭的人工饲养有棚舍饲养和放牧饲养两种形式。棚舍饲养选择靠近水源的地方建造鸭舍，鸭舍要有运动场和水池，整个鸭舍要用尼龙网罩上。放牧式饲养，在有较大水面的情况下，驯

养野鸭白天自行觅食、晚上自动归舍的生活习惯。

初生雏鸭体温比成年鸭低3℃,自身的温度调节能力低,雏鸭的温度控制与保温是雏鸭饲养成败的关键。同时育雏室的相对湿度控制在70%左右,过高、过低均不利于野鸭的生长。

初生雏鸭进入育雏室后,就要饮用5%~8%的葡萄糖水,以后间隔3天供应一次一定浓度的高锰酸钾溶液。

雏鸭饮水2~3小时后,即可开始饲养,雏鸭饲养选用易消化的软性饲料,3天后选择雏鸭配合饲料饲养。雏鸭饲养期间要经常通风换气,保持鸭舍内空气的清洁,同时还需要一定的光照。

(3)育成期野鸭的管理。31~160日龄的野鸭为育成期野鸭。在饲养肉用野鸭时一般60日龄后就要及时出售。产蛋野鸭要继续喂养。育成鸭生长快,饲养要喂全价饲料,每天喂3次,日投料量为体重的5%左右,并在饲料中加入15%左右切碎的青绿饲料,以保证维生素的供应。

成鸭的排粪量大,要定期打扫鸭舍,保持鸭舍清洁卫生。饮水要保持清洁,如用养鸭池饮水要经常更换池内的水。及时进行防疫,发现病鸭及时隔离治疗。

(4)产蛋鸭的饲养。野鸭饲养到170天左右时,达到产蛋的日龄。产蛋野鸭的饲料中需要蛋白质的量较多,应在饲料中添加充足的蛋白质,增加骨粉、贝壳粉的量等,每天饲喂次数增加到4次。产蛋期保持充足的光照,全天光照时间不少于15小时,每天早晚各进行2~3小时的人工补光。

由于母鸭习惯在有凹窝的泥地上产蛋,为此,可有意识地在地面上制造一些产蛋窝,并在上面铺一些干草。大部分母鸭在夜间产蛋,但也有少量在早晨产蛋,所以每天的开棚时间不宜过早,以防蛋产在外面无法捡拾。

(七)黑天鹅的养殖

黑天鹅原产于澳洲,是天鹅家族中的重要一员,为世界著名观赏珍禽。黑天鹅的饲养方法简单、抗病力强,是一种省力、高效益的养殖业。

黑天鹅的养殖技术要点如下:

(1)环境条件与饲养方式。场址宜选在远离城镇、村庄及人类生活区的地方,尽可能地避免外界的干扰。有自然水域,且水草丛生的地方较为适宜。在水池中种植一些挺水植物,池周空地可根据季节轮作牧草,供其采食,并栽植一些乔木供夏季遮阳。散养区的周围设置网片或栅栏,以防其他动物进入干扰,影响其生长与繁殖。池水要定期用石灰粉或漂白粉消毒。黑天鹅在散养情况下,要求人工断翅或每年人工剪羽1次,以防飞逃。

(2)饲料标准。种鹅饲料以精饲料(可用产蛋鸡颗粒料)为主、青饲料(包括牧草、青菜等)为辅。进入繁殖期时,需在精饲料中加5%的鱼粉与3%的贝壳粉,以满足其繁殖需要。雏鹅饲料要求日粮中精饲料占70%、青饲料占30%。精饲料用蛋白质含量高的肉鸡雏颗粒料。雏鹅养至4月龄即进入青年鹅饲养阶段,精饲料可转用蛋鸡雏颗粒料,并提供青饲料供其自由采食。

(3)种鹅的配对。青年鹅在18月龄进入繁殖预备期开始配对,可让其在散养区内自由择偶。当配对过的天鹅形影不离,出入成双,即可认为配对成功。

人工强制配对。对于自由选偶还没有配对成功的天鹅,可以用性刺激配对的方法来解决其配偶问题,方法是将未配对的黑天鹅1雄1雌放入相邻笼舍内圈养,让其相互熟悉,若频现两鹅隔网相聚、点头示爱时即可放入同笼饲养。出现配对现象后,即可放入散养繁殖区;若失败,可再换1次公鹅。

(4)繁殖期的工作。黑天鹅在20月龄进入性成熟期,在此阶段要在其活动周围提供干茅草、羊草、稻草等营巢材料,供其自由采撷来建巢筑窝。

黑天鹅建成巢后即可产卵,一般在初次交配后的8~15天产第一枚卵,以后隔天一枚,每窝可产6~7枚;若让其自然孵化,需在巢顶搭建一个小棚用来遮阳避雨,切记孵化期间杜绝人为干扰。在产第一枚卵后即可从窝中将卵取出,以假卵代之,以后取出新产的卵,最后取出假卵。

一般隔20天即可进入第二个产卵期,第二窝卵可让其自然孵化。种卵可存放4~5天,卵量大时可用机器孵化,卵量小时可用简易方法人工孵化,一般以温水(热水袋)孵化为好。施温方案以变温孵化为佳。

(5)育雏。自然孵化的天鹅雏可让种鹅自行育雏,效果比较理想。人工孵化的鹅雏育雏要控制好温度。出壳1~7天为35℃~32℃,以后

每周降 1℃~2℃,逐渐降至自然温度,温度合适与否视雏鹅精神状态而定。同时还应做好雏鹅出壳后的防疫及饲喂工作。

(6)卫生防疫措施。养殖区内定期打扫卫生,保持清洁,并用消毒药液喷洒消毒,以杀死各种病原体。常用的消毒药液有含碘类等制剂,要定期更换消毒药物。

饲养期间每月可用广谱抗生素或用中草药拌料投饲 3 天,用来预防禽病的发生。

(7)常见疾病的预防。黑天鹅的主要病害有小鹅瘟、大肠杆菌病、禽霍乱、寄生虫病等,在做好常规工作的同时,要定期观察黑天鹅的精神状态,做到早发现、早隔离、早治疗,对症用药,以防禽病蔓延。

(八)鹌鹑的养殖

鹌鹑具有生长快、成熟早、繁殖力强等特点。鹌鹑的肉、蛋营养丰富,既是良好的食品,又是食疗中的珍品。饲养鹌鹑是一项能取得较好经济效益的养殖项目。

鹌鹑的养殖技术要点如下:

(1)场舍和设备。鹌鹑舍的大小、形式要根据饲养规模而定。为了适应鹌鹑的生态习性和防疫要求,应选择地势较高、排水良好和交通方便的地方建造鹑舍。一般采用重叠式笼,其规格为长 100 厘米、宽 20 厘米、高 150 厘米,共分 6 层,每层之间有承粪板接纳粪便;产蛋笼可采用多层单只笼。

由于鹌鹑的大小和饲养方式不同,所以食槽的设计也应各有不同;可用木板、竹子、镀锌铁板及塑料制成,食槽制作必须平整光滑,既便于鹌鹑采食,又不浪费饲料,同时还便于消毒。目前使用较多的饮水器有塔式真空饮水器、长条形饮水槽和连续式自动给水槽。同时还要配备育雏箱、产蛋笼、育肥箱等。

(2)饲料配方

雏鹌鹑的饲料配方:玉米 52%、豆饼 27%、进口鱼粉 12%、麸皮 5%、甘薯叶粉 3%、骨粉 1%,另加食盐 0.3%、维生素和微量元素适量。

产蛋鹌鹑的饲料配方:玉米 42%、豆饼 33%、进口鱼粉 11%、麸皮 7%、草粉 3%、骨粉 3.5%、食盐 0.5%,另外添加维生素及微量元素适量。

(3)幼鹌鹑的饲养管理。1～3日龄温度为36℃～38℃,4～10日龄温度为35℃～36℃,11～20日龄温度为32℃～34℃,21～30日龄温度为26℃～28℃。如果舍内温度较低,可在育雏箱的每层设2～3个灯泡,或在室内增设煤炉升温。

开食前先喂饮0.1%的高锰酸钾水,以促进胎粪排出和有助于对营养物质的消化吸收。雏鹑出壳后10小时即可开食,用煮熟捣细的蛋黄加玉米粉或混合料散在报纸上让其啄食。

1～7日龄昼夜光照,其强度为每平方米4瓦左右;7日龄至产蛋每天实行16小时光照,每平方米以1～2瓦为宜。

及时清除舍内粪便,注意通风换气,以保持舍内空气新鲜。

(4)产蛋鹌鹑的饲养管理。笼养产蛋鹑,每层分为若干个单元,每个单元饲养蛋鹑6～8只,公鹑2～3只。饲料拌湿饲喂,少喂勤添,每日喂4～5次,产蛋高峰期再加喂1次,也可以不限次数,让其自由采食。蛋鹑每只每日的饲喂量为20～25克,如加喂青料,可以减少饲料喂量。喂料时按饲喂量的5%加入砂粒以助消化。

要消除各种应激因素,保持环境安静及适宜的光照。舍内应有通风装置,以便及时排出室内氨气及其他有害气体,并可调节温度与湿度。同时要及时收蛋,防止兽害,搞好日常清洁和消毒工作。

(5)疾病防治。鹌鹑是一种抗病力较强的禽类,但由于密集饲养,如果环境不良或饲养管理不当,也会引发某些疾病。饲养鹌鹑者最好不要再饲养其他禽类,以杜绝传染病的发生流行。重点做好预防接种和预防性投药工作,发现病状及时治疗。

(九)斑鸠的养殖

斑鸠肉质细嫩,味道鲜美,营养丰富,体形似鸽,羽毛光滑,观赏价值颇高,且生育期短,养殖成本低,经济效益高,市场需求大。

斑鸠的养殖技术要点如下:

(1)建立场地。应选通风良好、干燥、地势较高的向阳坡地。架设高空网箱,面积一般为40～60平方米,高度为2.5～3米,用竹子搭架,缚以塑料网而成。在网箱内搭一个5平方米的鸟棚,供斑鸠雨天避雨及夏季遮阳用。种鸟场地网箱应高出地面1.5～2米,应用竹子或树枝做成

假树,搭上人工鸟巢,以利于斑鸠产卵。

(2)挑选种鸟。选取体大、健壮、无病的10月龄的成鸟作为种鸟,单独饲养。在饲料中应多加含蛋白质、卵磷脂及钙的食物,以利于繁殖。

(3)繁殖与育雏。野生种鸟一般春秋季节交配产卵。人工饲养可采用雌鸟人工注射雌激素的方法,促其短期内发情,可使每月都能产卵。

将产后的卵收集起来,放入孵化箱内进行人工孵化。在孵化过程中应调节好温度及相对湿度,确保出壳率在98%以上。

雏鸟刚孵出时应注意保暖,及时饮水,选用一定浓度的高锰酸钾溶液作为饮用水,每4小时更换1次。雏鸟出壳以后,一般6~8小时有觅食行为,食品最好选谷子或碎米等体积小、易消化的食物,也可用雏鸟颗粒饲料。1周以后可在饲料中加入20%的稗籽、稻谷等多种植物种子。

(4)及时防病。由于人工养殖密度大,易感染疾病,应做好网箱内的卫生工作,定期消毒,及时清理粪便,并定期进行防疫。

(5)适时出售。斑鸠生长期很短,一般4~5周龄便可出售,4个月后性发育成熟。

(十)蛇的养殖

蛇是无足的爬行动物的总称。蛇肉肉质细嫩、味道鲜美可口,是营养丰富的美味佳肴。它具有高蛋白质、低胆固醇的优点,含人体必需的多种氨基酸,是脑力劳动者的良好食物,对防治血管硬化有一定的作用。而被誉为"液体黄金"的蛇毒,具有极高的经济价值。

蛇的养殖技术要点如下:

(1)养殖场地的选择。人工饲养蛇类首先要解决的是养殖场地的选择问题。专门提供肉食的无毒蛇,场址可选择村庄边缘的空旷地;专门提供蛇毒的有毒蛇,场址应选择在位置较高、离村庄较远的地方,以防毒蛇外逃伤人;专门提供游人观赏的蛇,场址应选择在旅游风景区域。

(2)蛇的饲养管理。人们饲养的蛇类不同,饲料也不相同,例如:乌梢蛇专吃老鼠、青蛙或小鸟;银环蛇专吃黄鳝和泥鳅;灰鼠蛇专吃昆虫、蜥蜴和青蛙;眼镜蛇专吃其他小蛇和青蛙;火赤链蛇专吃鱼类和青蛙;五步蛇专吃蛙类、蜥蜴和小鸟。在人工饲养过程中,应根据所饲养种类确定和采集饲料。

（3）蛇卵的孵化。蛇卵孵化率高低是蛇类饲养获取经济效益的前提。为了提高蛇卵的孵化率，母蛇产完卵即把蛇卵取出放入孵化缸进行人工孵化。孵化缸用一只大水缸。将缸洗净，放在阴凉干燥的房间里，装入半缸半干半湿的碎泥松土或细沙，把蛇卵放置在土上，排成三层放平，蛇卵横卧，不能竖放。最后盖好缸口，防止老鼠、蜈蚣、蚂蚁爬入。孵化期间每隔一个星期左右检查一次，将孵化卵上下翻动一次。缸内温度一定控制在 20℃～27℃（可插一支温度计于孵化缸中）。种类不同的蛇孵化时间也不一样，银环蛇为42 天，眼镜蛇为 51 天，乌梢蛇为 38 天，五步蛇最短，只需 25 天便可孵出。幼蛇一般饲养 3 年左右就长大为成年蛇，又开始繁殖后代。

（4）幼蛇的饲养。幼蛇的饲养方法很简单：关在木板箱中只供水、不供食，因为蛇腹中尚有部分卵黄可供其吸收，有的甚至可耐饥到翌年春、夏季才开始摄食，但箱内温度一定要保持在 15℃ 以上，相对湿度维持在50％ 以上。幼蛇出壳两个月后，如果气温较高，应根据不同种类，用一些小昆虫、蚯蚓、小泽蛙等进行饲养。幼蛇饲养两年后便要雌雄混养。注意雌雄幼蛇不要是同胎的，避免近亲繁殖后代。

（5）保护蛇类越冬。保护蛇类安全越冬是养蛇成败的最关键技术。冬天要特别注意保温。一般是在蛇窝的盖板上面覆盖 20 厘米厚的稻草，蛇窝的通道门要紧闭，以免冷空气吹进去。当外界气温下降到 −5℃ 时，应采取防寒措施，即在每一格蛇室中垫上干草、纸屑、旧麻袋或破棉絮等，进行保温。但注意温度不能太高，一般在 8℃ 左右即可。更不能骤高骤低，应该保持恒温。

蛇是变温动物，当外界温度降至 5℃ 以下时，就丧失活动能力，时间长了即死亡。为了躲避低温，野生蛇类会本能地寻找最佳栖息环境。它们在离地面 1 米以下的干燥无水的洞穴中冬眠。为了保护蛇类安全越冬，人工饲养应该考虑把冬眠室做大一些，让蛇群居冬眠。

（十一）牛蛙的小面积圈养

牛蛙生长快，肉质细嫩，味鲜美，是低脂肪高蛋白的高级营养食品。蛙皮可制作高级皮革，蛙油可制作高级润滑油。牛蛙小面积圈养，具有产量高、设备简单、管理方便、易放易捕、占地少等优点。

牛蛙的小面积圈养技术要点如下：

(1)蛙池的建造。牛蛙小面积圈养,蛙池面积以 2～10 平方米为宜。蛙池由饵料台和水沟组成。饵料台既是牛蛙摄食场所,又是牛蛙的栖息地域,一般要求饵料台占蛙池总面积的 65％左右。池内均用水泥灰浆抹面,饵料四周要有高 2 厘米的边框。水沟的水深,依所养殖蛙体的大小而定。水沟两端应分别设进出水管(孔)。池的四周应砌好围墙。炎热季节,蛙池的上空应有树荫或藤蔓遮阳。

(2)饲养管理。体重 5 克的幼蛙,每平方米放养 130～150 只;体重 15 克的幼蛙,每平方米放养 100～120 只;体重 50 克的幼蛙,每平方米放养 60～80 只;体重 100 克以上,每平方米放养 30～50 只。

牛蛙有以大食小、以强食弱的习性,为了避免相互蚕食,按照体重大小分好级,将体重接近的放入同一池饲养。

牛蛙圈养,既可以采用活饵料,也可使用死饵料。常用的饵料有蝇蛆、黄粉虫、泥鳅、蚯蚓、鲜鱼块、海产及淡水小杂鱼的干品等,有条件的可投喂高营养膨化颗粒饵料。鲜活饵料直接投于饵料台上,让牛蛙自由捕食,饵料台面保持湿润即可。投喂死、干饵料时,将饵料台放入 1.5～2 厘米深的水中。将饵料撒在水面上,使死饵产生"活化"假象,诱使牛蛙扑食。投饵的数量应视牛蛙的摄食量而定,能食多少就投多少,以掌握在投饵后约 1 小时食完为宜。投饵次数,从晚春至早秋,一般每天早晚各一次,其余时间可在中午一次。

每次投饵前,要彻底把饵料台上的水及粪便等清除干净,同时,将池水换去 1/2～1/3,或每隔 2～3 天彻底换一次。幼蛙时期,尽量多投活饵,以促进幼蛙的生长。平时应勤巡视蛙池,防止敌害。发现病蛙,要及时治疗,提高成活率。

(十二)科学养蜂的技术

蜜蜂是一种非常常见的昆虫。有产蜜价值并广泛饲养的主要是西方蜜蜂和中华蜜蜂(或称东方蜜蜂)。全世界已知蜜蜂约 1.5 万种,中国已知约 1000 种。有不少种类蜜蜂的产物或行为与医学(如蜂蜜、王浆)、农业(如作物传粉)、工业(如蜂蜡、蜂胶)有密切关系,它们被称为资源昆虫。

蜜蜂的养殖技术要点如下:

(1)养殖场的建造。蜂场周围要有丰富的粉源蜜源,如油菜、紫云英等,背风向阳,地势较高,地面干燥,有适宜的温度和湿度,夏季有很好的树荫,附近要有良好的自然水源。周围环境较安静,不受烟火、灯光、农药及其他污染物的影响。另需准备蜂箱、巢础、分蜜机、面网、喷烟器、起刮刀等工具。

(2)蜂群的检查。根据需要,可对蜂群进行全面检查或快速检查。检查时宜穿浅色衣服,戴好面纱,携带喷烟器、起刮刀、记录表等用具,人应站在蜂箱一侧,切勿站在巢口,阻挡蜂路。提起的巢脾,应在蜂箱上翻转查看。若遇蜂王起飞,可从箱中提一筐蜂,在巢门前抖落,然后恢复箱盖,人蹲箱侧,蜂王很快就会随工蜂归巢。

(3)蜂群的饲养。救助饲养:旨在挽救缺蜜蜂群。方法是先将贮备的封盖蜜脾调给蜂群,设有贮备蜜脾,亦可将蜂蜜加一半开水稀释,或把2份机制白糖加1份开水溶化,凉至微温后,于傍晚用饲养器或灌脾饲喂。

奖励饲养:旨在激发工蜂泌浆,从而间接促进蜂王产卵。奖励饲养宜在流蜜前一个半月开始,直到野外蜜源不缺为止。应少量勤喂,凡强群或贮蜜少的要多喂,弱群或贮蜜多的要少喂。

(4)巢脾的修造。巢脾是蜂群生活、繁殖、贮存蜜粉的场所。造成优良巢脾的条件是巢脾基础新鲜,蜡质纯洁,房眼深,蜂群内新蜂多,外界有良好的蜜源。

当外界有蜜源,巢内出现添造白色新巢房或框梁出现新蜡时,即可加入巢础造脾。在春季进行小群加础造脾时,应注意保温。加入的巢础框应插在原有子脾的外侧和边框蜜粉脾的内侧,并把铁丝所在的一面朝向子脾,让蜂先筑造五六成高,然后调转另一面。等待两面都筑造过半后,再酌情移插中央,供蜂王产卵,使筑造完整。

收捕回来的自然蜂群,具有强烈的营造新巢的积极性,应视群势,充分供给巢础框。插础后,与巢础相邻的巢脾,其未封盖蜜房会增筑加厚,妨碍新脾的筑造。因此,要经常削平纠正。

(5)蜂群的合并。凡是弱群以及失王或蜂王老、弱、病、残而无贮备产卵王或成熟王台可供替换的蜂群,都应合并。方法是在午前把并群的蜂王或王台除去,傍晚,中蜂最好在夜间,先将受并群逐渐提出,喷上蜜水或糖浆,工蜂喷至微湿为宜,并恢复原位,再将被并群按同样要求喷,喷后依次靠于受并群隔板外,盖好箱盖。次日,再统一调整,如在双方框梁上洒上数滴香水,以混同群味,则效果更好。

（6）盗蜂的防止。盗蜂是指盗窃其他蜂箱的蜜蜂,会给蜂群带来很大损失。盗蜂的识别:凡是在蜂箱四周飞转,寻找缝隙和企图钻入的蜜蜂,即是盗蜂;凡巢前蜜蜂丛集,相互咬杀,一片混乱,就证明发生了盗蜂。

预防措施:缩小巢门,严密填补蜂箱缝隙;检查蜂群时动作要迅速。提运巢脾时要放在密闭的蜂箱里。贮存的巢脾、蜜、蜡或切下的废脾要放在蜜蜂进不去的地方。蜂场上任何地方都不能留下蜜迹或糖浆。饲喂蜂群应在傍晚或夜间进行。所有蜂群的群势要保持平衡,群内贮蜜要充足,弱蜂要合并,病蜂群要迁移他处隔离治疗。中蜂和意蜂要分场放养,且附近也不能有异种蜜蜂。

（7）分蜂群的捕收。当自然分蜂团集后,将收蜂笼套在蜂团上方,使笼口的内边接靠蜂团,利用蜜蜂的向上性,以淡烟或软帚驱蜂上移,并用软帚或鹅羽顺势催蜂入笼。如蜂团骚动不安,可稍喷水镇定。待蜂团入笼后,再轻稳地将笼取下。如收捕意蜂,可马上从原群中抽取幼虫脾两框放入空巢箱内,再视群势,适当增加空脾和巢础框,幼蜂脾居中,最外面加隔板,并放在荫处,再把蜂笼平放在框梁上,让蜂团自行转移到巢脾上,也可以手指轻弹蜂笼,催蜂上脾。待笼内余蜂不多时,可提笼抖落,最后覆箱上盖。事后应注意调节巢门,过2～3天再检查调整。

中蜂活跃,宜傍晚转移进箱。可用塑料窗纱或稀麻布,封住收蜂笼口,暂挂在有风的阴凉处,傍晚备1只巢箱,箱内布置同上,空处暂垫上稻草,盖好副盖和箱盖。将箱垫高15厘米左右,提起门挡,巢门前接1块副盖。然后将笼内蜂团抖落斜板上,让蜂入箱上脾,待安定后,加上门挡。翌晨取走箱内稻草,待2～3天后再行检查调整。

（8）春季管理。撤出多余的巢脾,使蜂最密集,每张巢脾上都布满蜜蜂。提高和保持巢内温度。经常观察工蜂的飞翔、排泄、采水等现象,判断群蜂越冬是否正常,发现问题及时处理。当气温上升、蜜源和粉源充足、蜂已扩大产卵面积、新蜂大量出房、蜂群开始进入繁殖时期,需及时加脾,一般加在边脾的外侧。

预防分蜂,选择善于保持强群、不易分蜂的作为种群,培养新产卵王,在寒流期前把老王换掉。及时采取巢内成熟贮蜜。充分利用工蜂的泌蜡力,积极加础造脾,淘汰劣脾,扩大产卵圈。群势壮大后,应充分利用工蜂哺育力,连续生产王浆。随着群势的发展,适时加脾,加继箱,加大巢门,注意通风遮荫,使蜂群处于积极状态。在蜂群出现分蜂征兆时,将蜂王的1个前翅剪去2/3。

(9)流蜜期管理。目标是使蜜蜂经常处于积极工作状态。主要工作是:消除分蜂热,及时采收封盖蜜。在流蜜初期,要有足够的青、壮年蜂群。掌握流蜜期前发展群势,流蜜期中补充封盖子脾,流蜜期后,调整蜂群,恢复和发展群势。在流蜜期间采用"强群采蜜,双王群繁殖"等措施,以解决采蜜和繁殖的矛盾。在流蜜期应根据花期长短、蜜源间距对蜂群进行不同的处理。

(10)夏季管理。关键是保持蜂群的有生力量,为秋季繁殖准备条件。应注意:年年更换新王,维持夏季产卵力。越夏蜂群宜保持2～3框。只要不妨碍子脾发展,巢内以多贮蜜为宜,如蜜水不足,应及时饲喂。蜂群宜置于通风荫凉、排水良好、有清洁水源之处。及时抽出箱内旧脾或多余巢脾。蜂群的巢门一般只放1厘米高,宽度以每框足蜂留1.6厘米为宜,以避敌害。

(11)秋、冬季管理。秋季应抓紧蜂群的繁殖,扩大群势,迎采荞麦、枇杷蜜,培养越冬适龄蜂,更换老劣蜂王,备足越冬饲料,防治病虫害,预防盗蜂,注意避风、保温、通风防潮等,为安全越冬做好准备。冬季管理主要是做好保温工作,方法有箱内保温和箱外稻草包装法等。

(十三)桑蚕的饲养

桑蚕又称家蚕,简称蚕,是以桑叶为食料的吐丝结茧的经济昆虫之一。桑蚕茧可缫丝,丝是珍贵的纺织原料。蚕的蛹、蛾和蚕粪也可以综合利用,是多种化工和医药工业的原料,也可以作植物的养料。

桑蚕的养殖技术要点如下:

(1)蚕种催青及收蚁。从出库当天至第四天,宜用温度24℃,干湿差2.5℃,第五天至孵化以26℃～28℃的温度、1℃～1.5℃的湿差来保护。第八天有20%蚕卵点青(蚕卵一端有小黑点),即遮光制黑(黑布包种)。第十天(即浸种约第八天)早上5时揭开黑布,开灯感光,让小蚕孵化。

收蚁宜在上午9时进行。应提前选摘顶芽第二片桑叶作收蚁用叶,将叶切成丝或小方块直接撒到蚕种纸上,约10分钟蚁蚕全部爬上桑叶,这时连同蚁蚕和桑叶翻倒在蚕座上,整理好即可。

（2）小蚕饲养。小蚕期高温多湿饲养才能保证发育正常。1龄蚕温度宜控制在28℃，湿差1℃，2～3龄温度宜控制在26℃～27℃，湿差1℃～1.5℃。当温湿度达不到要求时要加温补湿，光线宜昼夜分明。

喂小蚕的桑叶要严格选采。1龄蚕用顶芽下第二至第三片淡黄绿色叶（即黄中带绿）；2龄采第二片淡绿色（绿中带黄）叶片；3龄采第四至第五片或三眼叶深绿色的叶片。每昼夜喂3～4次，每条蚕要有2条蚕的活动位置。

要观察眠起特征，做好眠起管理。在蚕眠前和眠起时加网除去蚕粪和残渣（蚕沙）。眠前除沙后要给1～2回桑，使蚕饱食安定。同一批蚕中有95％以上的蚕已入眠后，仍有少量不眠而爬动吃桑（叫迟眠蚕），这时应撒上石灰粉，加网再给桑，引出迟眠蚕另行饲养，经4～6小时后，这部分蚕就可入眠。当一批蚕整体有98％以上头部蜕皮并由青灰色转为淡褐色且有50％以上的蚕爬动寻食时，才可给桑饲食。

（3）大蚕饲养。饲养大蚕室要通风良好，大蚕期要打开门窗，加强室内空气流通，防止高温、多湿、闷热，温度宜控制在24℃，温差3.5℃。要搞好蚕座卫生，防止蚕病传染和发生。大蚕期每天早上用新鲜石灰粉进行蚕体蚕座消毒，每天除沙（室内地面育不除沙），阴雨天湿度大，每天撒新鲜石灰粉2次，保持干爽。注意拣出病蚕死蚕，淘汰弱小蚕，以防蚕病蔓延。

（4）上簇采茧。上簇就是将熟蚕放到簇具上让其吐丝结茧。熟蚕特征：蚕发育到5龄后期，开始减少吃桑或停止吃桑，并排出大量绿色软粪，胸部透明，身体略软而缩短，头胸部抬起并左右摆动，寻找吐丝结茧的地方。

簇具的种类很多，目前广西以方格簇为主推簇具。纸类方格簇每个156条蚕，也可根据方格多少而定。上簇室温度宜控制在24℃左右，干湿差3℃～4℃，通风干燥，光线均匀稍暗，防止强风直吹。上簇2天后要拣出病死蚕，以免污染好茧。

一般春蚕上簇后5～7天，夏秋蚕上簇后4～6天为采茧适期。采茧前应将死蚕烂茧拣出后再采好茧。采茧时应按上茧、次茧、双宫茧、下茧（黄斑、柴印、畸形）、下烂茧五类分别放置。

（十四）蝎子的养殖

蝎子在我国中医学上称为全蝎或全虫，是一种药、食两用的珍稀动物。蝎子全身都是宝,特别是蝎毒享有软黄金之称,具有防癌、抗癌和治疗艾滋病的作用。

蝎子的人工养殖技术要点如下:

(1)饲养场地的选择和蝎池的建造。为了便于温度控制和管理,防止污染,人工养殖蝎池最好建在室内。蝎房选择在背风向阳之处,既便于通风透光,又便于保温,没有污染和对蝎子生长有害的气味。

养蝎池长、宽各1米,应根据房间的大小而定。池底用砖和水泥砌成,池底池壁一定砌严、砌结实,防止蝎子外逃和老鼠、蚂蚁等天敌侵入。池的高度以30厘米为好,池四周上沿粘贴10厘米宽的玻璃条,防止蝎子外逃。池建好后铺5~6厘米厚的中性土,保持池内湿度。为了通风散热,每个蝎池留2个通风口,通风口的上方留1个出蝎口。想把蝎子全部赶出来时,把出蝎口打开,并用塑料薄膜套在出蝎口上,下面放一个光滑的容器,蝎子晚上活动时便从出蝎口拥出,落入容器内。

人工养蝎密度很高,为了避免雌蝎吃掉仔蝎,必须实行分龄饲养。雌蝎与仔蝎人工分离很麻烦,必须修建自动分离筛,进行自动分离。在产房中建两个相邻的池子,一个作为雌蝎的产室,一个作为仔蝎池,仔蝎离开雌蝎后很活跃,就会自动钻过分离筛进入仔蝎池。在池内壁的楞上修一流水沟,以防止蝎子外逃,提供蝎子的饮水,防止天敌的入侵。

蝎池建好后铺一层细土,在土上面放几层瓦片。瓦片的放置要纵横交错,瓦与瓦之间要留1~2厘米的空隙,保证蝎子在空隙间自由活动和栖息。

(2)种蝎的选择。初养者不宜利用野生蝎子饲养,应从有10年以上养蝎史的养殖场引进,因为经过人工饲养后,蝎子已经适应了人工饲养的条件,引种成活率高。引种前要对蝎子的品种、蝎龄、雌蝎是否有孕等进行详细了解。自然条件下养殖,引种一般在5~6月份,如恒温养殖,一年四季都可引种。

种蝎每平方米可投放600~1000只。每池投放的蝎子必须一次投足,若分两次或多次投放,容易造成互相残杀,引起大量死亡。为了便于饲养,仔蝎、幼蝎、青年蝎、成年蝎等各种蝎龄段的蝎子必须分开饲养。

(3)蝎子的饲料和投喂方法。蝎子基本是肉食动物,喜食蛋白质含量高的食物。蝎子对食物的选择性很强,即使对爱吃的昆虫也有一定的要求。蝎子喜食的昆虫主要有黄粉虫、地鳖虫、蜈蚣、蜘蛛、蚊、蛾、蝶、蚯

蚓、蝼蛄、蟋蟀等。

食料的投喂量应根据蝎子的数量、蝎龄的大小而定，一般每晚投喂1次，并做到定时、定点投喂。鲜活昆虫可直接放在池内让蝎子任意捕食。非昆虫性配合饲料，可放在小食盆内供蝎子自由采食。在温度较低时，可4～5天投食1次，每次投食应多放几个地方。投食量根据蝎子吃食的情况灵活掌握，但食量随温度变化较大，温度高，食量大，温度低，食量小。

常用的非昆虫性饲料有：小麦粉、大麦粉、小米粉、玉米粉等，以及黄鳝、泥鳅、青蛙等的肉酱。

(4)蝎子的温度管理。蝎子是变温动物，生长发育和生命活动过程完全受温度支配。在自然界中蝎子生长的温度范围为－2℃～42℃，超过这个范围就要死亡。气温降到10℃以下时，蝎子停止生长，开始进入冬蛰状态。3℃～5℃时蝎子基本不动，多数蝎子集中在一起，进入冬眠状态。蝎子在15℃以上开始活动，20℃～28℃为蝎子生长发育的最佳温度。28℃～39℃蝎子活动量大增，生长发育加快，产仔、交配多在这个温度下进行。雌蝎产仔的最佳温度在35℃～39℃。

(5)湿度管理。蝎子性喜干燥，对湿度要求极为严格。蝎子喜欢在干燥处栖息，在潮湿处活动。蝎子需要饮水，特别在气温高或空气干燥时更应该及时饮水。饮水要经常更换，保持新鲜。

(6)通风与温度管理。蝎子虽然怕风、怕光，但养蝎室一定要空气新鲜，有充足的散射光，在保证温度的情况下要经常通风，保持室内空气新鲜。

(7)种蝎的饲养管理。蝎子一般经6次蜕皮后进入成蝎阶段，这时可根据养殖规格和发展需要，挑选一些个体大、身体健壮的蝎子做种蝎。4～10月份为蝎子的繁殖交配时期，人工恒温饲养常年可交配，这时可将雌蝎和雄蝎按1:1的比例混养在一起，任其交配。

怀孕母蝎要单居独孕，增加多汁昆虫饲料，保持安静。母蝎产仔的要保持较高的温度，一般保持35℃～38℃，产仔期最长可达20天。

初生仔蝎全身细嫩、体色乳白，3天后体色加深，4～6天后在母蝎背上蜕第一皮，称2龄蝎，10天后便离开母蝎背，开始独立生活。仔蝎在10～15天后，已具备了良好的攻击和觅食能力，食欲相当旺盛；2龄后就要与母蝎分开，放在仔蝎池中单独喂养。母蝎产仔后要及时补充食物，把食物放在母蝎附近让母蝎取食。

第 三 章

农民水产养殖致富指南

一、淡水养殖

淡水养殖不仅在国内有极大的消费市场,而且在其形成产业规模后还能满足国际市场的需求。淡水养殖适于精养,有利于人工管理和控制。此外,淡水养殖产量较稳定,投资小、收益高,发展潜力巨大,是增加水产品种类和数量以及提升农民朋友收入的重要途径。

(一)鱼的池塘养殖

池塘养鱼是我国养殖食用鱼的主要形式。池塘养鱼具有投资少、收益快、生产稳定等优点,是我国农村分布最广的一种养殖方式。就其生产过程来讲,一般可分为苗种培育和食用鱼(成鱼)养殖两个部分,这里仅对常规鱼类成鱼养殖中的混养、密养、轮捕轮放和池塘管理等主要技术措施作一介绍。

(1)混养。在成鱼养殖中,一般都将多品种、多规格的鱼类放在同一个成鱼池内养殖,这就是鱼类的混养。混养是根据鱼类的生物学特点,如栖息习性、食性和生活习性等,充分运用它们互利共生的一面,尽可能地限制和规避它们相抵触的一面,让不同种类和同种异龄鱼类在同一空间和时间内一起生活和生长,从而发挥"水、种、饵"的生产潜力,提高产量和效益。

在混养过程中,各种养殖鱼类存在着相互矛盾、相互排斥的一面。混养时要限制和规避这种矛盾,不能随意混养,必须根据各种养殖鱼类的食性、生长情况、饲料来源、气候和池塘条件来决定混养类型,并确定主养鱼和配养鱼的放养密度、规格和放养时间等,这样才能达到相互促进、提高产量、增加效益的目的。如当地有较充裕的肥料,可考虑以鲢鱼、鳙鱼、鲮鱼、罗非鱼等为主养鱼;草资源丰富的地区,可考虑以草鱼、团头鲂和鳊鱼为主养鱼;螺、蚬资源较多的地区,可考虑以青鱼、鲤鱼为主养鱼。凶猛鱼类一般不与其他鱼类混养,只有在野杂鱼较多的池塘中,或罗非鱼过度繁殖的成鱼塘中,才可混养一些经济价值高的凶猛鱼类,如鳜鱼、鲈鱼等,但在放养量上一定要有所限制。

(2)密养。在饲料充足、水源水质条件良好、管理得当的条件下,一定范围内放养密度越大,产量越高。合理密放和鱼种混养都是提高鱼池生产力的重要措施。鱼池密放要具备相应条件,并且要在允许的限度内实行,其养殖原则如下:

①池塘要有良好的水源,水位较深,淤泥较少,才可以适当密放。

②鱼种放养量大了,对食物的需求量也必然增大。只有保证食物量充足,才能让鱼种长成上市规格。

③只有将栖息、食性各异的鱼类混养,才能达到合理密放的目的,同时同一品种多种规格放养,也会相应加大放养密度。

④合理密放的关键还在于养殖技术。池塘养鱼是三分技术、七分管理,如果精心管理,再配合相应的设施,如投饵机、增氧机、水质改良机和注排水体系的灵活使用,就有可能加大放养密度。

(3)轮捕轮放。鱼类的轮捕轮放就是在一次或多次放足鱼种的基础上,根据鱼类的生长情况,到一定时间捕出一部分达到商品规格的食用鱼,再适当补放一些鱼种,以提高池塘单位面积鱼产量的一项措施。

(4)池塘管理

①经常巡视池塘,观察鱼有无浮头现象及浮头程度,检查全天吃食情况。

②及时清除污物与残草,保持水质清新。

③掌握池水注排量,及时补充蒸发消耗,做好防洪和防旱工作。

④根据天气、水温、季节、鱼类生长和吃食情况,确定投饵施肥的种类和数量,做好全年饲料、肥料的投喂及分配计划等。

⑤做好鱼池管理记录和统计分析。

(二)鱼的稻田养殖

稻田养鱼是利用稻、鱼之间互利的生态关系,不仅在稻田里可养好鱼,而且养鱼也促进稻谷的增产。随着稻田养鱼技术的不断发展及养殖新品种的扩展,稻田养鱼的对象已不仅限于养殖普通的鱼类品种,而且还扩大到养殖名、特、优水生经济动物。稻田养鱼种类包括草鱼、鲤鱼、鲫鱼、鲢鱼、鳙鱼、泥鳅、黄鳝、河蟹、青虾、罗氏沼虾等水生经济动物。

稻田养鱼的技术要点如下:

(1)养鱼稻田的选择与建设。养鱼稻田要选用水源充足、水质符合

国家规定的养殖用水标准、排灌方便、旱季不涸、大雨不淹的田块。底质以黏壤土为好,田埂厚实,底土肥沃,不渗不漏,保水性较好。环境不受附近农田用水、施肥、喷洒刷洗毒农药等因素的影响,并且不宜在村庄附近,以免有鸭子侵入。

养鱼稻田的田间工程应按鱼、稻共生对生态环境的要求和养殖技术等条件合理设计施工。其基本设施主要有两个方面:一是保证养殖鱼(虾、蟹)有一定栖息活动的水域,二是有防止逃鱼的拦鱼设备。

养鱼的稻田必须加高加固田埂,以利提高水位,防止漏水、垮埂和跑鱼。鱼沟和鱼坑是鱼类栖息生长的重要场所,开挖鱼沟和鱼坑是缓解养殖鱼类与水稻施肥、用药、晒田矛盾的重要措施。同时应开挖进排水口,设置拦鱼设备。

(2)稻田养鱼的主要形式。稻田养鱼的主要形式有稻鱼共作、稻鱼轮作和稻田养殖名特优水生经济动物三大类型。稻鱼共作主要有单季稻田养鱼和双季稻田养鱼两种方式,稻鱼轮作主要有一稻一鱼、二稻一鱼等方式。

单季稻田养鱼可在早稻、中稻或晚稻中进行,一般以培养鱼苗及大规格鱼种为主。早稻田养鱼,鱼的生长期不长;中稻田养鱼,水温较高,是鱼类生长的黄金时期。

双季稻田养鱼有双季连养稻田养鱼和双季独立稻田养鱼两种方式。双季连养稻田养鱼是早稻田放养的鱼种转入晚稻田继续饲养,主要利用早、晚稻双季培育大规格草鱼、鲤鱼等鱼种,也可养殖名特优水生经济动物。双季连养稻田养鱼生长期较长,有两种生产方式,一种是早稻收割时不干水,连水收养,鱼进至鱼坑内暂养,种植晚稻后继续养鱼;另一种是早稻收割时"捕大留小",种植晚稻后继续饲养。

一稻一鱼属稻鱼轮作的一种方式,是利用割稻后的空田养鱼。该方式一年只种一次稻,水稻收割后接着养鱼,养鱼时间较长,可达7~8个月。

坑沟式稻田养鱼应结合水稻半旱式栽培技术,开挖坑沟养鱼。这是一种多用途的立体生产形式。既适用于单季稻田养鱼、双季稻田养鱼,也适用于一稻一鱼的稻田养鱼;既可培育鱼苗鱼种,也可用于养殖商品鱼和名特优水生经济动物。

(3)稻田养鱼的技术要点。种稻放鱼前应排干沟水,清除过多的淤泥,加固好田埂、田坡,维修好排灌设施。鱼坑、鱼沟可用生石灰消毒。施肥以有机肥为主,化肥为辅,采取基肥重施、追肥轻施的原则。

稻田鱼坑、鱼沟进水要经过密眼筛绢过滤,严防野杂鱼和敌害混入。一般选择耐肥力强、叶茎粗壮、抗倒伏力强、抗病害强的高产水稻品种。稻田养殖的对象应以草食性的草鱼、鲂鱼和底栖杂食性的鲤鱼、鲫鱼、罗非鱼为主养对象,可少量搭配鲢鱼、鳙鱼、鲮鱼、泥鳅、银鲴等,还可以养殖虾、蟹、蛙等名优水产品。

鱼种放养量应根据实际情况而定,一般应考虑放养品种、水源好坏、水体深浅、田土肥瘦、饵料生物多少、管理水平高低等因素。稻田养鱼的放鱼时间,因稻作季节和鱼种规格不同而各有差异。一般在不影响禾苗生长的前提下,应尽量早放,以延长鱼类生长时间。

稻田养鱼的日常管理主要要注意几点:①加强养鱼稻田的巡查;②做好水的管理,注意水温、水质、水位;③适当投饵,合理施肥;④正确使用农药;⑤注意偶发情况。

(三)草鱼的网箱养殖

草鱼是我国重要淡水经济鱼类中最负盛名的鱼类,肉质肥嫩,味道鲜美,营养非常丰富。近年草鱼市场趋好,草鱼养殖尤其是网箱等集约化养殖比较普遍,网箱养殖是实现草鱼养殖高产高效的主要途径。

草鱼的网箱养殖技术要点如下:

(1)养殖条件。网箱养殖草鱼宜选择背风向阳、水面开阔、水位稳定、水质清新、水源无污染且交通方便的地方,要求水体溶解氧丰富,pH值7~8.5,水深3米以上,水体透明度在50厘米以上,溶氧在4毫克/升以上,且养殖区水利设施齐全,能排能灌,不易受洪水冲击。

(2)网箱设置。网箱应由聚乙烯材料编结而成,为双层结构,内部是一个无节网箱(封闭式),外部是一个结节网箱(开口式)。每个网箱的框架由4根长8米的毛竹扎制而成,以支撑整个网箱。网箱通过缆绳固定后,网箱上边高出水面20~30厘米。网箱应于鱼种入箱后10天安装下水,让网衣附生藻类,使网片光滑,因鱼种进箱一般不适应,易冲撞,易刮伤,采用这种方法,鱼种进箱后可避免网衣擦伤鱼体。网箱可单箱设置或按组设置。网箱排列方向要与水流方向垂直。

（3）鱼种放养。鱼种放养应把握以下几点：

①鱼种要求体质健壮、规格整齐、鳞鳍完整、无病无伤。

②宜放20厘米以上的抗病力强、成活率高的大规格鱼种。

③密度合适。

④鱼种进箱前要进行洗浴消毒，杀灭体表寄生虫，减少病原体的传播几率。

⑤一般在秋末或初冬、水温在15℃左右时放养较好。

（4）饲料投喂。网箱养殖草鱼时，一般不宜大量投喂草类，应投喂全价颗粒饲料。草鱼进箱后2～3天便可开始投喂，投喂前要进行驯化。连续驯化10天后，待大部分鱼皆可上浮抢食时，便可进行正常投喂。日投喂量为鱼体总体重的3％～5％，每日投喂3～4次，每次投喂约0.5～1小时，以大多数鱼种吃饱游走为度。每次的投喂量还要根据水温变化、天气变化、鱼类摄食和活动情况等加以合理调整。

（5）日常管理。网箱养殖草鱼，日常管理至关重要。主要应做好以下几个方面的工作：

①坚持巡箱，定期检查鱼类生长情况，认真观察、分析鱼情，并做好网箱养殖日志。

②每隔10～15天洗刷网箱一次，清除残饵污物及附着藻类，使水体充分交换。

③经常检查网箱，发现破损及时修补，以免逃鱼或凶猛鱼类入箱。

④随着水库水位的涨落，必须把网箱调节到水深及水质适宜的位置。

（6）鱼病防治。首先要坚持健康养殖，按规程操作，防病于未然。其次要做好预防工作，搞好人工免疫。一般在进箱前注射灭活疫苗，鱼种入箱前要用食盐水浸体消毒，还要定期消毒防病。坚持投喂优质饲料，不投喂变质、过期饲料。网箱养殖草鱼一般易患水霉病、赤皮病、烂鳃病、肠炎病、出血病等，发病时宜请专业技术人员正确诊断，对症下药，不可有病不治或乱治，以免造成人为损失。

（四）黄鳝超高密度养殖

黄鳝为热带及暖温带鱼类，适应能力强，在河道、湖泊、沟渠及稻田中都能生存。黄鳝肉嫩味鲜，营养价值甚高。黄鳝超高密度养殖技术是一种打破常规的高密度集约化养殖模式,主要弥补网箱养殖和普通无土流水养殖的不足。

黄鳝超高密度养殖的技术要点如下:

(1)鳝池建设。选择一块周边无污染源、地基扎实、地势平坦、排灌方便、避风向阳并有充足、清洁的水源条件的场地,池场面积根据实际需要而定,池四周用砖砌实,池底用砖和水泥抹平,将池场纵向用砖砌成若干个面积为1平方米左右、高为30厘米的小池子,每个小池子可用水产专用防水涂料粉刷。每两行池子共用一排水管和进水管。在进水管通过每一池子的初始位置开一出水小孔,在温控大棚的顶头砌一个蓄水池并配备一个抽水泵和一个水位升降接触器。在蓄水池底或池中设计安装一个加温炉(可自行设计)。在每个池子中放一块泡沫板,池中进水处不要让泡沫覆盖,让水直接流入池中。温室用木条、竹竿、泡沫、塑料薄膜覆盖。

(2)鳝种放养。选种最佳时机为3月底至4月底,7月上旬至9月中旬这一段时间,以笼捕的鳝苗为最优,凡有外伤感染、肛门红肿、头肿大、黏液脱落的鳝种应坚决剔除,鳝苗体色以深黄大斑为好。

将鳝苗放入装有等温水的铁皮箱中进行选种清理。经过严格选种消毒后的鳝苗应放在水深为5~8厘米的池中。由于在选种消毒时要剔除部分黄鳝,所以在放养密度上应超过计划放种的20%,鳝苗入池后经10~15天才趋于稳定。

鳝种入池后3天应坚持药物处理,以防细菌、病毒感染和生理机能失调。入池后的第二天开始驯饲,正常摄食15天后即可开始加入粉状配合饲料。15~20天后,配合饲料基本上可代替鲜鱼。投喂时间以每天早上6~7时、下午5~6时为宜,投喂总量为黄鳝体重的3%~6%。

(3)日常管理。注排水要均衡流畅,严禁蓄水池断水,待黄鳝正常吃食后要及时驱杀寄生虫卵。养殖全过程使用免疫王等来提高鳝体的抗病能力和解毒排毒能力,保证养殖的顺利进行。及时清除残饵和粪便以防水质污染腐败,水温一般控制在25℃~28℃。病害防治方面与其他养殖模式相同。

(五)泥鳅的暂养技术

泥鳅有沙鳅、真鳅、黄鳅之分,在我国各地的淡水中都有分布。泥鳅肉质鲜美,营养丰富,富含蛋白质,还有多种维生素,是人们所喜爱的水产佳品。

泥鳅的暂养方式主要有以下几种：

鱼篓暂养：可把一只口径 25 厘米、底径 65 厘米、高 24 厘米的鱼篓放入静水中，每篓放养泥鳅 7～8 千克。

网箱暂养：把网箱放在水面开阔、水质良好的河道或池塘中。暂养的密度可根据水温高低、网箱大小而定。

木桶暂养：各类木桶或胶桶均可暂养泥鳅。

水泥池暂养：这种方法适用于大规模的养殖基地。

下面主要介绍水泥池养殖泥鳅的技术要求。

（1）建池要求。场地要选择背风向阳、水源充足、水质清新且无污染的地段，水泥池应有排污、增氧等设施，进排水方便。水泥池规格不一，一般为 8 米×4 米×1 米，蓄水量 20 吨左右。采用流水形式，暂养密度为每平方米 40～50 千克，若建成水槽型水泥池，每立方米水体的流水槽可暂养 100 千克泥鳅。

（2）放养泥鳅。放养前 10～15 天对鳅池进行清整消毒。放养时要做到：首先，挑选体质健壮、无病无伤、游动活泼的放养。其次，各池中的泥鳅规格要大致相同，可一次放足，也可随收随放。但放养前一定要清洗消毒。

（4）饲养管理。泥鳅的食性为杂食性，天然饲料有小型甲壳类、水生昆虫、螺蛳、动物内脏、藻类等，投喂时应注意动、植物饵料的合理搭配，投饵应做到定质、定位、定时、定量，且水温高于 30℃ 或低于 10℃ 可不投喂。

在饲养过程中应注意施肥，一般每隔 4～5 天向池水泼洒粪肥一次，用量为每平方米 50～100 克，保持水质透明度为 15～25 厘米。

（5）日常管理。每天早晚各巡池 1 次，检查泥鳅的活动、吃食、病害等情况，每 10～15 天用漂白粉泼洒，以做好防病工作，严防发病死鳅现象，尽量避免因病死亡。泥鳅放养后，根据水质肥瘦情况适时追肥，培养浮游生物，使水体始终处于活、爽的状态。水温达到 30℃ 时，应及时更换新水，并增加深度，以降低水温，防止浮头。发现泥鳅时常游到水面吞气时，表明水中缺氧，应停止施肥，立即注入新水。

（六）龙虾的养殖

龙虾是虾类中最具渔业经济价值的一种，对环境的适应能力很强，各种水体都能生存，无论是湖泊、河流、池塘、河沟、水田均能生存，甚至在一些鱼类难以生存的水体中也能存活。

龙虾的养殖技术要点如下:

(1)养殖场地。龙虾的生命力极强,可充分利用池塘、稻田和一些荒滩、小坑塘等水体进行养殖。由于龙虾有掘穴打洞的习性,一般洞穴的深度在50~80厘米,部分洞穴深度超过1米,为避免龙虾掘穴外逃,养殖水体的四周设置防逃墙或防逃板,建好注、排水系统。同时,池塘中间要搭建几条泥埂,为龙虾创造打洞穴居的场所。池水深以0.5~1米为宜,最好是中间水深,四周有浅滩,池底放置树根、竹筒等,水面移养水草。

(2)亲虾繁殖。4~5月,水温20℃以上时,亲虾开始交配。受精卵在雌虾腹中孵化为稚虾,孵化时间需40~70天。稚虾孵化后在母体保护下完成幼虾阶段的生长发育过程。稚虾一离开母体,就能主动摄食、独立生活。当发现繁殖池中有大量稚虾出现时,应及时采苗,进行虾苗培育。

(3)放养准备。在虾苗入池前,要认真进行池塘整理,除去淤泥和平整池底,使池底和池壁有良好的保水性能,尽可能减少水的渗漏。要用生石灰、漂白粉等进行清塘消毒。

注入新水时要过滤,以防止野杂鱼及鱼卵随水入池。同时施肥培育浮游生物,使之成为虾的直接天然饲料。

龙虾摄食的水草有苦草、轮叶黑藻、凤眼莲、水浮莲等。水草同时是虾隐蔽、栖息的理想场所,也是虾蜕皮的良好场所。在水草多的池塘养虾,虾的成活率高。

(4)幼虾放养。同一池塘放养的虾苗或虾种,要求规格一致,一次放足。放养的虾苗、虾种活力要强,附肢齐全,无病无伤,且耐旱的能力较强,离水相当长一段时间不会死。如系购买的野生虾种,需经人工驯养一段时间后,才能放养。

幼虾投放一般在5月份进行,可将幼虾放进塑料盆内,先往盆里慢慢添加少量池水至盆内水温与池水接近,并按盆内水量加入3%~4%食盐浸浴5分钟左右消毒,再沿池边缓缓放入池中。放养时注意避免暴晒。

(5)饲料投喂。龙虾是杂食性虾类,尤喜食动物性饲料,且龙虾生性贪婪、摄食量大,要注意饲料投喂方法。成虾养殖可直接投喂绞碎的米糠、豆饼、麸皮、杂鱼、螺蚌肉、蚕蛹、蚯蚓、屠宰场下脚料或配合饲料等,

保持饲料蛋白质含量在 25％左右,日投饲量为虾体重的 4％～10％,根据季节、天气、水质、虾的生理状况而调整。

(6)水质管理。龙虾耐低氧能力很强,且可直接利用空气中的氧气,过肥的水质也能生存。因此,池塘养虾应调控好水质和水位。在整个养殖期内,水位要保持相对稳定,不要忽高忽低,以免影响龙虾的生长。

(7)日常管理。养殖龙虾,主要应注意如下几点:一是要坚持巡塘检查,发现异常及时采取对策。二是要注意水质变化,严防水质受到污染。三是建好防逃墙。四是加强蜕壳虾的管理。五是严防龙虾打洞。

(七)基围虾的池塘养殖

基围虾又称刀额新对虾、沙虾,是淡水育种、海水围基养殖虾类,其得名原因是"围基养殖"。

基围虾的池塘养殖技术要点如下:

(1)池塘条件。池塘要求水源充足、水质好、土地坚实、排水方便。虾池要有独立的进排水渠,供排灌使用。对新建的虾池,只要暴晒 2～3 天即可进水,对老塘则需清淤暴晒一冬,清整塘边杂草,并要严格清塘。清塘 7～10 天后,池内注纳新水,然后选择晴天施放肥料,以培养基础生物饵料。一般 7～10 天水色转肥呈浅黄绿色,透明度在 30～40 厘米时,即可投放虾苗。

(2)苗种放养。目前养殖用的基围虾苗多为工厂化生产,要移到淡水中养殖必须先经过驯化即逐步淡化处理。单养基围虾,体长 0.7～1 厘米的苗种,每亩放苗 2 万～5 万尾;与淡水鱼混养,则最好放养体长 2.5 厘米以上的暂养虾苗,放苗数量视具体情况而酌减。

(3)饲养管理。水质要求 pH 值为 7～8,溶解氧不低于 4 毫克/升,水色以黄绿色为好,透明度在 30～40 厘米。放养前期每隔 5 天左右加水 10 厘米,夏季高温季节加至最高水位。平时要勤巡塘,经常换水以改善水质。

虾苗下塘养殖前 1 个月主要依靠塘中浮游生物为饵料或辅以少量的细微颗粒饲料。1 个月后投喂以人工配合饲料为主,辅投淡水贝类、杂鱼。投饵量根据季节、水温和水质等情况灵活掌握。

整个养殖期间,每个月每亩池塘用生石灰泡成乳液全池泼洒,以杀灭病菌和驱除敌害,同时也可补充钙质,对虾脱壳生长有利。

坚持早晚巡塘,注意观察白天有无缺氧浮头现象,检查进水口网袋和防逃网是否破损。同时还要检查虾的摄食、脱壳和生长情况。

(4)捕捞收获。虾的收捕时间,主要取决于成虾的生长情况和市场要求。一般在淡水池塘中养殖80～100天,就可捕捞。可采取轮捕方法进行。常用的收捕方法有:陷阱(或地笼)网收捕、拉网捕虾和放水收虾。

(八)大闸蟹的养殖

大闸蟹是河蟹的一种,特指长江系的中华绒螯蟹。大闸蟹生长快,个体大,肉鲜味美,肉质细腻而有弹性,以其优良的品质、高营养价值和独特的风味而受到广大消费者的喜爱,被誉为"天然佳品"。

大闸蟹的养殖技术要点如下:

(1)池塘建设。场地选择在交通方便、通信便利、水源充足、水质清新无污染、排灌方便、土质泥沙质、水草茂盛的地区进行开发建设。每池5～10亩,东西走向,池水深达到1.5米,坡比1∶1.5,建设良好的排灌系统,进水口高,排水口低,池与池坝顶宽2米,池与沟渠间坝顶宽3米。

(2)蟹种投放前的准备工作。将无滴塑料膜、玻璃板、塑料板、硬质塑料膜等用木桩和铁丝固定、拉紧,池角呈弧形。在放养前10～15天进行严格清塘消毒和池塘除害。池中种植水花生、水葫芦等水生植物,面积为池塘面积的1/3,池底栽植苦草、轮叶黑藻等植物。

(3)放养密度。蟹种规格为每千克150～200只。放养密度为每亩1000～1200只。

放养方法是:先将蟹种放入池水中泡1～2分钟,取出放置10分钟,再放入水中泡1～2分钟,取出放置10分钟,重复2～3次后放入蟹池中。

(4)水质调节。蟹池的水质以清、净、溶氧丰富为好。养蟹池的水位随水温的上升逐渐加深。蟹种投放后每15～20天泼洒生石灰浆1次,并施一定量的磷肥,用量为每次每亩7.5千克。

(5)养殖管理。蟹种下塘后,及时投喂动物性饵料,提高蟹种体质。5～10月投喂以全价河蟹专用配合饵料和植物性饵料为主,适当投喂动物性饵料,并加喂脱壳素等饵料添加剂。10月中旬后以野杂鱼、屠宰下脚料等动物性饵料为主,以增加河蟹的体质和重量。

投喂时把饲料撒在饵料台或选择在接近水位线浅水处的斜坡上,以观察其吃食情况。日投喂量为存塘蟹体重的 8%～10%。

定时巡塘,检查防逃设施是否安全及河蟹的生长活动情况,清除池内敌害生物,保持池水清净,特别是在大风、大雨天气时更要加强昼夜巡塘。河蟹脱壳期应保持水位稳定,减少外界干扰。

(6)病害防治。做好蟹塘、饲料及养蟹工具的消毒工作,投喂的饲料一定要质量好,数量适宜。

蟹病流行季节,病原体开始繁生的时候,采用药物预防。一是用药品消毒池水。二是投喂药饵。同时,要保持蟹池内水质清新,并适时换水。

(九)中华鳖的养殖

中华鳖习称甲鱼,可以入中药,其药用部位主要为其背甲,药材名鳖甲,营养丰富,经常食用能增强人体的免疫功能,具有一定的防癌、抗癌作用。市场上对中华鳖的需求量越来越大。人工养殖可因地制宜,既可专养又可和鱼混养,经济效益高。

中华鳖的养殖技术要点如下:

(1)养殖场建造。选择环境安静、阳光充足、水质良好无污染、土质为黏土或壤土的地方建场。一个完整的养鳖场要建亲鳖池、稚鳖池、幼鳖池和成鳖池,还需有孵化房、饲料加工间、病鳖隔离池等配套设施。鳖池要有防逃设施,墙顶向内建"T"字形出檐。

(2)饲料准备。动物性饲料有螺、蚬蚌、蚯蚓、小杂鱼、畜禽内脏、昆虫、蝇蛆、蚕蛹等,植物性饵料有薯类、南瓜、豆饼、花生饼、麦类、豆类等。配合饵料的配方为:鱼粉、血粉、蚕蛹、猪肝渣等动物蛋白占 30%,豆渣 30%,麦麸 30%,谷芽 5%,面粉 5%,另加 1%植物油,1%蚯蚓粉,1%骨粉,0.1%维生素。

(3)引种。一般引进亲鳖产卵或采集野生鳖卵人工孵化放养,或引进稚鳖、幼鳖放养。鳖的雌雄性别可根据外形判断:雌鳖体型较厚,尾短不能自然伸出裙边外,后肢间距较宽;雄鳖体型较薄,背甲前部较宽,呈椭圆形,中间隆起,腹甲呈曲"玉"形,尾长能自然伸出裙边外,后肢间距窄。

(4)饲养管理

①稚幼鳖培育。刚出壳的稚鳖长 3 厘米左右,体质娇嫩,需暂养 3～

5 天方可转入稚鳖池中。暂养可用木盆、塑料盆,加入 5 厘米的清水,每平方米放养 150 只,投些红虫、丝蚯蚓或煮熟并掰碎的蛋黄。投喂量为鳖体重的 10% 左右,分两次投喂。半天换水一次,水温与盆中水温接近。

A.控温养鳖。开始每平方米放养刚出壳的鳖 100 只,经 1～2 月的饲养,体重可达 10～25 克,然后根据体重大小分池,密度降至每平方米 80 只。体重 50～75 克时,每平方米 50 只;体重 100～120 克时,每平方米 30 只;体重 150～200 克时,每平方米 15 只。温度控制在 30±3℃,室温要略高于水温,否则室内雾气大,影响鳖的生长。

B.常温养鳖。每平方米放养 100 只,早期鳖苗要 1 个月分一次塘,按大小分养,每平方米放养 50 只。在常温条件下稚鳖经越冬至第二年年底可长到 100 克,按每平方米 5～10 只放养。

稚鳖生长除适宜的温度外,主要取决于饲料。鲜活饲料日投喂量为鳖体重的 8%～15%,配合饲料 3%～5%。早晨投喂 30%,以 4 小时吃完为宜,晚上投 70%。每周换水 3～4 次,交替泼洒生石灰和漂白粉调节水质,每 15 天一次。室外稚幼鳖可种水生植物,覆盖率为 20%。

②成鳖养殖。

A. 控温养鳖。放养密度根据鳖种规格而定。同一鳖池规格力求一致,要不断调整放养密度。池水温度控制在 30±3℃。要用一中间调节池,当养殖池水低于规定温度时,将调节池水注入养殖池中。在加水前采取底部先排水,交叉多点加水,进水孔离池底 30 厘米左右。池水每天充气增氧 8 小时,经常换水,每隔 15 天施一次生石灰。要监测水质、水温和水位的变化,及时采取措施。饲料最好是成鳖专用饲料或养殖成鳗的饲料,也可用以动物性饲料为主的鲜活饲料。

B. 常温养鳖。鳖池每 100 平方米用生石灰 25 千克清塘,加水至 0.8～1.2 米。放养宜在 20℃ 以上时进行。鳖种为 100～150 克时,每平方米水面放养 4～5 只;鳖种为 300～400 克时,每平方米水面放养 2～3 只。放养前,鳖种用 3% 食盐水消毒。刚放养时不喂料,经一星期鳖适应环境后再投喂。一般投天然饲料,每天分两次投喂。水温降至 18℃ 以下时停止投喂。生长期内池水每 15 天泼一次生石灰。

(5)病虫害防治。中华鳖养殖中常见病虫害有腐皮病、红脖子病、疖疮病、白斑病等,因此要做好定期鳖池巡查工作,仔细观察鳖的生长发育

情况,及时做好鳖池及投喂食物的消毒处理及病害的防范工作。如果发现病情,应立即隔离病鳖,并请专业技术人员检查病症,做到对症治疗。

(十)田螺的养殖

田螺为腹足类软体动物,是我国的传统水产品,肉质鲜嫩可口,富含多种营养成分,深受人们欢迎。

田螺的养殖技术要点如下:

(1)掌握田螺的生活习性。田螺喜生活在冬暖夏凉、底质松软、饵料丰富、水质清澈的水域中,特别喜欢群集于有微流水之处。田螺食性杂,以水生植物嫩茎叶、细菌和有机碎屑等为食,喜夜间活动和摄食。田螺在水温15℃左右开始活动与摄食,生活适温为20℃～27℃,30℃以上时会将肉体缩入螺壳内停止摄食,群集于荫凉处或潜入泥土中避暑。

(2)掌握田螺的繁殖特性。田螺雌雄异体,一般雌螺大而圆,雄螺小而长。每年4月开始繁殖,6～8月为生育旺季。受精卵的胚胎发育至仔螺发育都在雌螺体内进行。产仔数量与种螺年龄及环境条件有关,一般每胎可产仔20～40个。

(3)人工养殖方法。要选择水源充足、管理方便、既有流水又无污染的地方建专用螺池。最好是几个螺池排成行分级建造,池的两端对角处开设进出水口,并安装防逃栏栅。两池之间筑建堤埂便于行走,池底铺垫肥泥。池中可稀植茭白、芦笋或放养水浮莲、浮萍等水生植物。

一般自3月下旬开始可陆续投放种螺。放种螺前先往池中投施适量的粪肥,培育饵料生物。放螺后投喂菜叶、米糠、豆饼、菜饼及动物内脏等下脚料。投饲量一般按田螺总重的1%～3%计算,两三天投喂一次,并根据田螺的生长和摄食情况调整投饲量。

田螺疾病少,日常管理重点是管水和防止鸭、猫、蛇、鼠和鸟类等的侵害,并经常巡视检查,防止田螺外逃。田螺宜浅水、微流水养殖,在繁殖季节和高温期更要保持池水流动。冬眠时田螺会潜入泥穴中,只在泥面留个圆形小孔冒气呼吸。为保持水中充足的溶氧量,每三四天换一次池水。

当仔螺长到10克以上时,其肉质细嫩肥实,最受市场欢迎,可分批采捕上市。采捕时放干池水,直接下池采拾即可,注意选留60%左右的大个体螺作种螺。

二、海水养殖

海水养殖是人类定向利用海洋生物资源、发展海洋水产业的重要途径之一,是水产业的重要组成部分。海水养殖能集中发展某些经济价值较高的鱼类、虾类、贝类及棘皮动物等,具有生产周期较短、单位面积产量较高的特点,是发展沿海经济和增加渔民收入的重要方式。

(一)港湾养殖的关键技术

港湾养殖是利用沿海港湾、滩涂及低洼地带,筑堤围港,开沟建闸,利用潮水涨落纳进的鱼虾苗或投放苗种进行养殖的一种方式。

港湾养殖的技术要点如下:

(1)晒港或冰冻。一般收获后先排干积水后进行晒港,主要晒死港湾内的藻类、水草及其他有害生物,减少鱼类的病害。晒死的藻类及水草起着施肥的作用,又可扩大水面。同时暴晒后又可加速泥土中有机物质的分解,使水质变肥,有利于饵料生物的繁殖。除晒港外,北方可以利用冰冻将有害生物冻死。

(2)清除有害植物。港湾中浅水或近岸处长有许多野生草木,南方港中经常繁生红树,北方港中有时长有许多芦苇。这些植物生长过多,减少水体面积,妨碍鱼类生活,而且植物本身会吸取水中的养分,使水质变瘦,影响饵料生物的繁殖与生长。清除的方法一般连根拔除或铲除。

(3)药物清港。常用药物有生石灰、茶饼、鱼藤精、巴豆及漂白粉等。

(4)清沟与修堤。由于港内浮泥沉淀,沟、滩变浅,同时经过一年的养殖、生物的衰亡,鱼虾等的排泄物及残饵等堆积,需将多余的淤泥清除,使沟渠相通,增加水体容量,减少有毒物质或病原体对鱼类的危害。

由于波浪的冲击及蟹类等挖洞,港堤需要修补。一般修堤与清沟可结合进行,用清沟挖出来的泥补堤或作肥料。

(5)纳苗及捕苗。利用潮水的涨落将自然海区中的鱼虾苗纳入港内的过程称为纳苗。纳苗数量的多少直接影响港养的产量,有的地方因纳苗数量不足,需用人工捕苗来补充苗种。

(6)控制水位,调节水质。养殖期间要保持港内一定水位,一般在 1 米以上,过浅会影响鱼虾活动空间。经常注排水,一是保证供给饵料生物的来源;二是排出老水和混浊的水;三是使港内水质新鲜,减少病害的发生。

(7)施肥培养饵料。为了提高港养产量,应采取施肥或投饲的方法来加速鱼类的生长。施肥可用无机或有机肥料,主要促使港内饵料生物的繁殖,达到增产的目的。

投饲主要是补充港内饵料生物的不足。近年来,由于放养品种增加、密度加大,许多单位及个人采用施肥及投饲的办法来提高港养产量。

(8)巡港。一般每天巡港 1 次,注意观察港内水位、水质、透明度、比重及鱼虾类活动情况。如发现水质变坏或鱼虾缺氧,应及时注入新鲜水。观察堤闸有无损坏,如有损坏,应及时修理。对常用的捞网和网闸要洗净,用淡水冲洗后晾干,如有破洞,应及时修补,防止鱼虾外逃。

(9)捕捞与收获。南方每年大收 2~3 次,一般是 6~7 月和 11~12 月各收 1 次。平时排灌时主要收虾蟹,大收主要收鱼类。北方港养收获,一般"虾不过白露,鱼不过寒露",也就是 9 月收虾,10 月收鱼。

(10)越冬。一般鲻、梭鱼养殖一年就收获,但当年个体较小,第二年生长较快。无论是资源保护,还是提高食用价值及商品价值,都应提倡越冬,这是提高产量的重要措施。

(二)海水网箱养鱼技术

我国网箱养鱼从 1973 年起进行试验,首先在淡水养殖上得到推广,以后逐渐扩大到海水养殖。目前我国的海水网箱养殖主要在南方诸省开展,尤其以广东、福建等省规模较大。

海水网箱养鱼技术要点如下:

(1)养殖海区的选择。各种鱼类只能适应在一定的环境条件下生活,要进行网箱养殖,必须选择适当的海区养殖。一般选择背风、潮流畅通、风浪比较小的沿海内湾海区。海区不面向外海,最好不受台风的直接冲击,比较安全。海区要有一定的深度,最好 7~10 米,最低潮时不少于 6 米。底质最好是泥沙或沙泥底。水质清,不受工厂、城市污水及其他污水的影响。苗种、饲料来源便利而且交通及管理比较方便。

(2)饲养管理。海水网箱养鱼,一般选择生长快、肉味鲜美、能充分利用投喂饲料、增肉率高、适宜于高密度养殖、抗病力强、商品价值高的种类。目前,我国主要养殖石斑鱼、鲷科鱼类、鲑鳟鱼类、鲆鲽类、尖吻鲈、笛鲷、东方豚、罗非鱼、蛳及黄姑鱼等。

网箱内放养密度同养殖海区的环境和鱼体大小有关。一般潮流畅通、鱼体较小则放养密度可大些;如鱼体较大,则放养密度可小些。

网箱养鱼的饲料有三种,即新鲜小杂鱼、冷冻鱼、颗粒饲料。投饲时间最好在白天平潮,若赶不上平潮,则应在潮流上方投喂,以减少饲料流失。鱼体较小时,每天可投喂 3~4 次,长大后每天投喂 2 次,冬天最好在水温较高的中午投喂。

根据鱼体活动情况、鱼体数量、大小、水温及季节等来确定投饲量。每天测定水温、比重,并记录死鱼尾数、天气等情况。经常检查网衣及浮架是否损坏,防止逃鱼。经常洗刷网衣,保持水体交换。台风季节要采取加固措施或转移海区或下沉网箱,待台风过后,再上浮或拖回原养殖海区。

网箱设置在海水中,时间一久网衣上会附着许多生物,再则鱼类饲养一段时间,鱼体逐渐长大,网目也需变大。因此,除平时经常洗刷网衣外,还必须定期换网。

(三)黄花鱼的网箱养殖

黄花鱼又名大黄鱼,是我国特有的重要经济鱼之一,肉质细嫩,肉味鲜美,多用于鲜食,长期以来深受消费者的青睐。目前,黄花鱼海水网箱养殖已在全国各地展开,成为目前主要海水网箱养殖品种之一。

黄花鱼的网箱养殖技术要点如下:

(1)养殖海区。黄花鱼养殖海区要求水质良好无污染,水深7~15米,水流往复,潮流和缓,流速不超过 1 米/秒,透明度为 30~100 厘米,盐度为 16‰~30‰,养殖水域最好是四面环山的避风港湾。

(2)渔排结构及网箱规格。渔排采用目前普遍推广使用的浮动式网箱养殖,即渔排由框架、浮力装置、箱体及其他配件组成。目前用于黄花鱼养殖的网箱面积有多种规格,且有向大型化网箱养殖发展的趋势,单个网箱面积由传统占一个框位向 2 个、4 个、8 个、16 个等多个框位转变。

(3)养殖技术措施。选择同批苗中个体规格较大的健康苗放养。鱼苗进箱时间选择在海区小潮、潮流缓慢时进行,宜于早晨或夜晚投放。

苗种进网箱前要消毒。黄花鱼人工育苗有春苗和秋苗两种,对养殖户来说最好选择春苗,当年可以养成成鱼上市,少了许多环节和费用。

放养密度掌握在 15～20 千克/立方米,放养 5 厘米左右的鱼苗,每个网箱放 1000 尾左右。随着鱼体的长大,要不断地分箱,待鱼长大到 200 克左右时,每箱放大黄鱼 500～600 尾。在高温季节,放养密度要小些,有利于提高成活率。

选用当地的冰冻小杂鱼,用绞肉机绞成鱼糜,再混合黄花鱼人工配合饲料粉,用搅拌机充分搅拌,制成具有一定黏性的鱼糜,再制成小颗粒投喂。日投饵量为鱼体总重量的 1%～6%。鱼苗进箱 1 天后开始投饵,日投饵 2 次,早晚各 1 次。

(4)日常管理。应通过不定期分选,保持网箱合理的放养密度,同时调整网箱中不同规格的苗种,进行重新分箱,使存放同一网箱的苗种规格一致。

视网箱上附着物着生情况,不定期通过移箱换网,保持网箱内外水流的畅通,同时对换下的网箱采用机械(高压水枪冲洗)和物理(日晒及木棍敲打结合)的方法清除附着物,收存好以备下次换网用。

黄花鱼苗种经过 6 个月的养殖,从 4 月份开始放鱼苗,10 月份开始收获,每尾鱼的平均体重达 500 克左右,日增量为 2.5 克左右,成活率为 70.5%,每箱可收大黄鱼 200 千克左右。

(四)河豚的养殖

河豚是有毒海产鱼类之一,其血、肝、性腺和消化道等均含有剧毒,误食微量即能使人中毒致命。但是,河豚的肌肉无毒或含微毒,只要处理得当,可做成席上珍馐,味道十分鲜美,且河豚全身都是宝,开发前景十分广阔。

河豚的养殖技术要点如下:

(1)养殖环境与养殖方式。养殖海区要求水质清洁、溶氧丰富、无赤潮发生、无污染物及污水流入。网箱养殖宜选择避风内湾,透明度要求 7～8 米,流速以 10 厘米/秒为佳,最适水温 16℃～23℃。

国内养殖河豚的网箱规格为 3 米×3 米×5 米,多见于南方沿海,北方大多数为池塘养殖。除单养外,近年亦有混养者。

（2）养成与生长。体重3~4克的鱼苗,6~7月放养于网箱,至12月底可达到400克左右,至第二年年底可达1000克,此时即可收获上市。为了达到较好的养殖效果,越冬前鱼体重量应达到350克以上。在12月份以前,水温尚适宜于生长,因此要投喂充足的饵料。越冬期间,在鱼尚能摄食的情况下,亦尽可能保证少量投喂,以保证成活率稳定。从4月底开始恢复正常生长,尤其在水温适宜的9月至10月份,其生长更加迅速。

（3）管理措施。放养前要挑选规格一致、健康活泼的苗种,同时要了解苗期的管理状况及有无畸形苗等。苗种放养前必须进行药浴以防寄生虫等病害侵入。移苗和运输时应尽量使用大容器,以免鱼苗、鱼种受伤。防止残食现象的最好办法是生产和使用健康苗种。8~11月要分选2次。换网时最好让新旧两网连接在一起,使鱼自然转移,以免鱼体擦伤。冰鲜饵料最好带冰加工,尽量保持饵料鲜度,防止蛋白变质。应从清晨开始投喂新鲜饵料,以提高鱼苗摄食饵料的积极性。

(五)鲈鱼的网箱养殖

鲈鱼为常见的经济鱼类之一,也是发展海水养殖的品种。鲈鱼因其体表肤色有差异而分白鲈和黑鲈。鲈鱼肉质坚实洁白,不仅营养价值高、口味鲜美,而且具有很高的药用价值。网箱养殖鲈鱼具有生长快、产量高、便于集约化管理等优点,但一次性投资较大。

其具体技术要点如下:

（1）网箱的结构、设置和布局。网箱由浮架、箱体及沉子等部分组成。网箱多使用浮动式网箱。它的特点是箱体能随水位变化而上下浮动,有利于观察鱼情,管理亦方便。网箱的排列方式有单箱浮动式和串联浮动式两种。在大规模生产时,常使用串联浮动式网箱。

为充分利用海区和保持海区良好的生态环境,网箱养殖的面积应控制在宜养海区面积的5%左右,一般不宜超过海区总面积的10%左右。

（2）鱼苗的培育与分箱。目前各地养殖用苗多来自海上捕捞,规格1.5~5厘米不等。鱼苗收购后先剔除伤残鱼苗,然后分规格进行培育。放养密度以2000~3000尾/箱为宜。培养到体长3厘米时应及时分箱,防止相互蚕食。鱼种体长达10厘米左右时分一次箱,并将网目由0.5厘米换成3厘米左右,放养密度调整为1000~1500尾/箱。鱼种长到20

厘米左右时,进行第二次分箱,并换成网目5厘米左右的网箱,放养密度调整为500～700尾/箱。

(3)饲养管理。在养殖过程中要定期换网,一般每30天左右换一次网。随着鱼体生长要及时更换成网目较大的网箱,以利水体交换,促使鱼类生长。

网箱养鲈鱼完全靠人工投饵。饵料以鱼、虾头足类为食,亦可投喂适口的软颗粒饵料。鱼苗长至5厘米以上时,可投喂冻杂鱼碎块,鱼块要剁碎投喂。饵料投喂应根据实际摄食情况及时调整。投饵宜在白天平潮时进行,因潮流缓慢可以减少饵料流失。

(六)南美白对虾的养殖

南美白对虾具有生长迅速、抗病力强、对饲料蛋白质需求低、肉味鲜美、出肉率高、离水存活时间长等优点,易于进行集约化养殖。

南美白对虾养殖技术要点如下:

(1)虾池条件。养殖场的选址应注意交通、电力是否便利。要远离水质富营养化或受污染严重的地区,应有充足的海水及淡水水源,能及时引水入池。此外,还应注意池塘底质及底泥中所含有机物、重金属的多少,底泥酸碱度高低等。虾池建设必须兼顾经济、实用、安全和操作方便的原则,有半精养池和精养池等。精养池塘和淡水养虾池塘都要配备增氧机。

(2)水质条件。无污染的江河水、湖水、水库水、井水都可以进行纯淡水池塘养殖南美白对虾。考察水质的优劣,可用"一触、二尝、三闻、四观"法。

(3)培养基础饵料生物。培养基础饵料生物包括清塘、纳水、施肥等常见步骤。清塘的目的是杀灭塘内敌害生物,改良塘底,保证虾苗入池后正常生长。在清塘后至放苗前10天左右,进水40厘米。在虾苗入池前,要培养足够的基础饵料生物。进水后,在晴朗的天气情况下追施肥水,一般可以选用三种不同的肥料:一是有机肥,二是无机肥,三是生物肥料。上述过程完成后,逐渐把水加至50～70厘米,即可试水放苗了,放苗前应关注放苗后两周天气变化情况。

(4)虾苗放养。选择虾苗最有效的办法是抗离水试验,从育苗池随机取出若干尾虾苗,用拧干的湿毛巾将它们包埋起来,10分钟后取出放回原池,如虾苗存活,则是优质苗,否则是劣质苗。

通常育苗池的水温在25℃～28℃,与野外放养的水温差异较大。一般采用尼龙袋盛水充氧法。一个容量10升的尼龙袋,内灌新鲜海水1/4,充氧3/4,可装苗25000～50000尾,气温23℃左右运输10小时,虾苗存活率不会受影响。若夏天气温太高时,应在清晨或夜晚气温较低时运输。若白天运输气温过高时,应考虑用冰块降温运输。

养虾池放苗的密度,要根据池塘、水质条件、配套设施、养殖水体的生物负载能力、饲料水平、技术和管理水平等条件,因地制宜确定。

(5)养成期饲养管理。养殖南美白对虾理想的水色是由绿藻或硅藻所形成的黄绿色或黄褐色,这些绿藻或硅藻是池塘微生态环境中一种良性生物群落,对水质起到净化作用。在养殖前期,池水的透明度要保持在25～40厘米,养殖中后期,池水的透明度应保持在35～60厘米。

随着虾体的增长,对水中溶氧量的需求也越来越大,因此在养殖前期视水质状况应间歇性开启增氧机或投加增氧剂。同时要配备水质测定盒等水质检测设备,随时监控池塘水的pH值、溶氧量、氨氮等变化情况,保证养虾的成功率。

南美白对虾饵料蛋白质要求不高,只要饵料成分组成中蛋白质的比例占20%以上,即可正常生长。饲料的颗料大小应该根据不同生长阶段来选择,颗粒过小或过大均会造成不必要的浪费,最好采用膨化的沉性颗粒虾料。半精养的池塘一般投喂廉价的冰鲜鱼浆或小贝类,也投一些配合饲料。

养殖过程中每天巡塘最少要4次,即分别在黎明、白天、傍晚和午夜各1次,巡塘时要注意观察对虾活动有无异常、摄食是否正常、是否有浮头迹象和疾病发生等,并做好防护处理工作,及时发现情况、消除鱼害。

收获是养殖生产的最后一环,收虾方法和网具一般与斑节对虾相仿。为保证丰收丰产,在一次性收虾时应该注意以下几个方面:寒潮侵袭、气温突然降低(超过8℃)时不能收虾,待气温回升后收;水质变劣、池底严重污染,或者发现水体突然变清时要提早收虾;对虾大量蜕皮的当天不要出虾;池虾生长停滞、开始出现虾病,或者出现"负生长"时要突击收虾;高产精养的虾塘要采取轮捕的方法,当部分虾长到商品规格时就分疏起捕,分几次收获。为了保证产品鲜度,出虾后要立即用碎冰分层保鲜。

(七)三疣梭子蟹的养殖

三疣梭子蟹是我国最大的一种蟹类。蟹肉质细嫩、膏似凝脂、味道鲜美,蟹黄色艳味香,食之别有风味,因而久负盛名,居海鲜之首。除鲜食外,蟹还可晒成蟹米、研磨蟹酱、腌制全蟹(卤螃蟹)、制成罐头等。蟹壳可作甲壳素原料,经济效益非常可观。

三疣梭子蟹养殖技术要点如下:

(1)前期准备。靠近水源、进排水方便的养虾池均可。尤以潮间带为佳,可利用潮位差进行排水,节省费用,降低成本,底质以沙、沙泥质为宜。养殖池面积1～3公顷,长方形,水深1.5～2米,设进排水闸门、拦网等。清除过厚淤泥,暴晒池底,整修闸门、堤坝。放养前对养殖池进行消毒除害处理,以达到预防病害的作用,常用药物有生石灰、漂白粉、二氧化氯等。

池塘经清淤、消毒后,放苗前15天,用60目筛绢过滤进水30～50厘米,施肥培养基础饵料。沉淀、净化养殖用水为养殖池总容量的1/3以上。精养池塘应配备增氧机,增加溶解氧的含量。

(2)放苗。选择规格整齐、变态时间一致、软壳率小于5%、活力强、摄食力强的幼蟹为种苗。放养条件为:自然水温18℃以上,盐度18～40,pH值7.8～8.7,氨氮小于1毫克/升,溶解氧4毫克/升以上,透明度30～40厘米,水深0.6～1米。选择无大风、暴雨天放苗,放苗点选择在水较深的上风处。根据不同养殖方式和苗种规格确定放养密度。

(3)养殖管理。最适温度20℃～27℃,最适盐度25～35,pH值7.8～8.6,溶解氧5毫克/升以上,氨氮1毫克/升以下,硫化氢0.1毫克/升以下,透明度在30～40厘米。视水质情况适时换水。高温或低温季节应提高池塘水位,暴雨后及时排去上层淡水。精养池应按时开动增氧机。

投喂以低质鲜活动物性饵料为主,如贝类、杂鱼、杂虾等。饵料投喂量根据不同生长阶段和具体摄食情况做适当调整。大批蜕壳时要足量投喂,交尾期摄食量低,应少投甚至不投;水温低于15℃或高于32℃时,减少投喂量,8℃以下停止投喂。饵料投放在池四周浅水区以及群体经常活动的区域。早晚各1次,傍晚占日总投喂量的70%。

早晚巡塘,观察摄食、生长、蜕壳及活动情况。检查残饵情况,及时调整投饵量。定期测量生长情况,7 天左右一次。做好防洪、防风及防暴雨工作。

(4)病害防治。预防工作应重点做好干塘清淤、消毒,把握好购苗质量,抓好水质及底质环境调控,投喂优质鲜活饵料,提供充足营养等。对症投药,用量按使用说明投放。

(5)出池。达到商品规格后,雄蟹应于 9 月份交配高峰期过后尽快出池,雌蟹于 10 月底至 11 月上、中旬出池。出池可抄网捞取,铁耙子翻掘或放水后干池捕捉。出池的梭子蟹应放在 10℃左右的冰海水中使其行动迟缓后,用橡皮圈绑住螯足,装箱外运。

(八)海上筏式养鲍

鲍鱼同鱼毫无关系,它是海洋中的单壳软体动物,形状有些像人的耳朵,所以也叫它"海耳",是名贵的海珍品之一。它肉质细嫩,鲜而不腻,营养丰富,清而味浓,烧菜、调汤,妙味无穷;同时亦具有丰富的医用价值。

海上筏式养鲍的技术要点如下:

(1)海区条件。适合筏式养殖的应是潮流畅通、风浪较小、海水清澈、盐度稍高且变化不大、海底藻类资源丰富、附近无淡水流入或受洪水影响少的海区。底质泥沙底,适宜打桩(橛)下筏。

(2)养成容器。养鲍容器必须多孔洞,以便水流畅通。常用的筏架有养殖贻贝、海带或扇贝的单筏(俗称软台);养殖笼有日本式拉链多层网笼、塑料圆筒、方形网笼和扇贝养殖网笼等。

(3)海上管理。鲍的养殖水层较深,一般为 5 米以上,这样能避开牡蛎、藤壶等附着生物。笼距 2~3 米,每行筏架挂 30 笼。

饵料种类以鲜嫩海带、裙带菜为主,也可投喂石莼、马尾藻等。皱纹盘鲍的摄食量随着季节变化而有明显变化,冬季水温低于 5℃时,基本不摄食;春秋季节水温在 14℃~24℃时是摄食旺季,应经常投饵。一般情况下,每 7 天投饵 1 次。

随着鲍的个体不断增大,应及时调整放养密度,以免影响生长。如鲍壳长 1~2 厘米时,每筒可放养 200 只左右;体长 3~4 厘米,每筒只能放养 80~100 只。

鲍的养殖周期为两年左右。在养殖过程中经常有大量的附着生物附生在网笼和鲍壳上,使笼眼闭塞,透水性变差,影响鲍的行动和生长,

严重时会引起鲍的死亡,因此必须及时加以清除。

要经常检查各种养殖器材,台风前后更应加强管理,冬季操作要尽量不露出水面,以免鲍体结冰造成冻伤。

(九)虾夷扇贝的养殖

虾夷扇贝为冷水性贝类,扇贝含有丰富的牛磺酸,除了对血压的正常化、预防动脉硬化、降低胆固醇、抑制血糖上升有一定的效果外,还对视力低下、视神经的疲劳恢复,由用眼过度引起的头痛、晕眩、肩痛等症状起到预防和改善作用。

虾夷扇贝从日本引入我国,现已成为我国北方主要的养殖扇贝之一。

(1)育苗。亲贝培育密度一般每立方米 20～30 个,利用扇贝养成网笼或者单层浮动网箱蓄养。单层浮动网箱大小一般长为 1.5～2 米,宽 1米,深 30 厘米。虾夷扇贝暂养采卵的方法主要有两种:一种是自然排放法。亲贝生殖腺成熟后,发现雌贝有排卵现象,就倒池采卵。另一种是紫外线照射海水诱导法。

稚贝出池时装入 20～30 目的聚乙烯网袋中,外罩 40～60 目的网袋(规格略大于内袋)。出池下海后 10 天左右,袋内稚贝已经长大,将外袋脱下。这样可起到洗刷浮泥和清除杂藻等附着生物的作用,并可等于一次疏散贝苗。

(2)贝苗暂养。扇贝苗不能直接分笼养成,须进行贝苗暂养。首先选择水清流缓、水温适宜、无大风浪、饵料丰富的海区,或利用养成扇贝的海区作为暂养区。将贝苗过筛,将大个体的筛出,装入暂养笼中。暂养主要有网笼暂养、网袋暂养和套网笼暂养等方法。

做好暂养期间的海上管理,控制好暂养水层,前期水层可在 2～3 米处,8 月高温前应将水层调至 5 米以下。检查网笼或绳的坠石完好情况,坠石一般要求在 3 千克左右。每次风后检查浮缆、浮球等是否安全。经常洗刷网笼、网袋,清除淤泥等附着物,提高网笼、网袋的透水性。

(3)养成。虾夷扇贝的养成海区应选择水深 10 米以上、潮流畅通、风浪不大、透明度终年保持在 3～4 米以上、盐度较高、夏季水温不超过23℃、饵料丰富、无污染、底质平坦的海区。

虾夷扇贝养成主要有筏式养殖和底播养殖两种方式。筏式养殖应在 10 月底至 11 月中旬进行分苗入笼。养成笼下要加坠石,坠石重 3～4 千克。根据扇贝的生长情况及时调整养成密度。底播养殖海区以泥底或沙泥底为最好,还应注意选择敌害生物少的海区。先由潜水员将底播海区中的海星、红螺及其他敌害生物清除出去,再将壳高 2～3 厘米的幼贝直接撒播在选好的海区中粗放养殖。

(4)扇贝的敌害防治。各种肉食性螺类和头足类章鱼均是扇贝的敌害。应选择敌害生物较少的海区进行养殖,养殖过程中应经常对海区的敌害进行清除。

有一种钻孔海绵可将扇贝的壳钻成蜂窝状,引起壳基质在壳里面过度沉淀,使软体部瘦弱、缩小,最后死亡。因此应将海绵动物清除干净。

寄生在扇贝中的豆蟹能夺取扇贝食物,妨碍扇贝摄食,对鳃有一定损伤,使扇贝瘦弱。对于寄居生物可进行人工清除。

藤壶、牡蛎、海绵、贻贝、不等蛤、石灰虫和一些藻类不仅附着在贝壳上,而且常常附着在养殖网笼上,影响扇贝活动和摄食。

(5)扇贝的疾病防治。扇贝常见疾病有微生物病、原虫病、腔肠动物病、齿口螺病等,因此应定期做好预防工作。育苗用水应严格过滤或用紫外线消毒。及时清洗沉淀池,定时反冲沙滤罐或更换上层的细沙,经常倒池,还可施用抗生素抑制细菌的繁殖。同时,应定期消毒及施用抗生素。

(十)文蛤的养殖

文蛤因其肉嫩味鲜、营养丰富,素有"天下第一鲜"之称,是我国滩涂传统养殖的主要贝类之一,具有面广量大、食物链短、养殖成本低、投资见效快等优点,也是我国大宗出口的鲜活水产品。

文蛤的养殖技术要点如下:

(1)虾塘条件。在对虾塘内养殖文蛤,除了应具备一般虾塘的基本条件外,还应考虑以下两个方面:一是虾塘底质要求泥沙质底。土层表层为 5 厘米左右的软泥层,中间为 15～20 厘米的混合泥沙。二是水质要求海水盐度达 18.3% 以上,pH 值以偏碱为好,海水透明度 30～60 厘米。

(2)蛤苗放养前的准备。放养前 1 个月,做好虾塘的清整工作。首

先是铲除淤泥。然后进行耕翻、平整、暴晒等。耕翻深度30～40厘米，并拣石去杂之后进水关闸，沉积泥油。放养前半个月，用生石灰或用漂白粉清塘，清塘后更换新水。进水须经60～80目筛绢网过滤，以免带入敌害生物。放养前1周进水施肥培育基础饵料。初期进水不宜太深，宜为20～30厘米，以充分利用日光照条件，促使浮游生物繁殖。一般采用施基肥和追肥的形式培肥水质。

（3）放养密度。高低涂虾塘均适宜养殖文蛤。放养密度因涂制宜，一般高涂多播，低涂少播；软涂多播，硬涂少播。通常规格160粒/千克的蛤苗，每亩以放养500～600千克为宜。

（4）饵料投喂。早春采用轧碎的新鲜小鱼虾，全池投撒，既肥水质又增加池内有机碎屑，促进浮游生物繁殖。夏秋季晴天利用复合肥、有机肥（经发酵）肥水，晚秋冬季采用豆浆全池泼洒投喂。

（5）病害防治。每隔1个月用生石灰或二氧化氯等药物进行消毒杀菌。同时，对塘内的浒苔等杂藻及时清除，以免覆盖埕面，将蛤苗闷死。可用人工捞去，或用船将池水搅浑使浮苔得不到光照而死亡。

第四章

农民山林坡地致富指南

农民致富实用手册

一、菌类培植

(一)平菇的高产培植

平菇又称侧耳。它肉质肥嫩、味道鲜美、营养丰富,含有大量的糖和多种维生素及对癌细胞有强烈抑制作用的酸性多糖,是一种广大群众喜爱的高档食品。

平菇的培植技术要点与管理方法如下:

(1)栽培技术与方法。培养料的配置方法很多,常见的有木屑培养料、棉籽壳培养料、稻草培养料、玉米芯培养料等。任选一种配方,称取各原料混合后,加水拌匀堆积发酵。当温度上升到50℃～60℃时,经24小时翻堆一次,当料内温度再次上升到50℃～60℃时,经24小时发酵结束。然后选用(20～22)厘米×45厘米的聚乙烯塑料袋,采用三层菌种、两层料的接种方式,接种量以7%～8%为宜。

(2)管理方法。将装好的菌袋放在温室中培养。一般料温应控制在15～25℃。3～5天后,菌丝已定植,而且迅速蔓延生长,温度可适当降低。空气相对湿度应控制在60%～70%,使菌丝在料层中健壮生长。一般接种后10天左右,条件适宜,管理得当,菌丝体就能长满整个培养料。

当菌丝体长满培养料后,应及时揭掉料面上的覆盖物,这时的室温主要靠地热、光照来维持,平时可达12℃～18℃。连续5天左右调节温差,在室内地面浇些水,保持空气相对湿度在85%～90%。当菇蕾长出后,要保温保湿出菇。此后,每天通风2次,每次1小时左右,地面每天浇一次水,以利菇体生长迅速、健壮。这样头潮菇15天左右即可采收。

(3)采收与加工。平菇适时采收既可保证质量,又可保证产量。通常出菇后约一星期,菌盖充分展开,菇体色白,即将散发孢子以前采收为宜。采收标准应按具体要求确定。每采收一批菇后,应及时清理床面,将死菇、残根拣净,略压实后,重新覆盖好薄膜,约经10天,又可长出第二批菇。一般可采收4～5批。

平菇可加工成清渍罐头,清渍平菇仍能保持原有的色、形、味,与鲜平菇差别不大。开罐后既可直接食用,也可作配菜原料。平菇还可进行盐水腌制,封缸保存后,一年内质量不变。

(二)香菇的高产培植

香菇是食用和药用兼优的菌类,肉质脆嫩,味道鲜美,营养价值很高。香菇内的香菇素有降低血液中胆固醇的作用,可预防因动脉硬化引起的冠心病、高血压等,在国际上被誉为"健康食品"。

香菇培植的技术要点与管理措施如下:

(1)培植技术。香菇的培养料有多种,常见的有锯木屑培养料、棉籽壳培养料、玉米芯培养料、甘蔗渣培养料、稻草培养料等。根据当地资源和自然条件,任选上述配方,称取各原料混合,加适量水拌匀,含水量60%左右,pH值调至5.5~6,然后装袋。

(2)管理措施。接种后,把塑料袋及时搬进培养室,在18℃~20℃条件下培养。培养时应注意观察菌丝生长和杂菌发生情况,遇不良情况应及时采取措施。当菌丝长满培养料后,将袋脱掉置20℃~25℃下,同时增加光线和空气相对湿度,使菌表面完成转色,即由白色转为褐色。转色后温度控制在18℃~20℃,空气相对湿度保持在83%以上,每天通风2~3次,每次30分钟,保持室内较强的光照,以利于香菇的生长。

(3)采收与加工。采收香菇应在六七成熟时,也就是菇盖边缘向内卷的所谓铜锣边时采收。按国家规定,香菇分三级:一级为花菇,二级为厚菇,三级为薄菇,每一级中又按大小和品质分成大、中、小三级。

采收时,用拇指和食指捏住柄根连根拔下,鲜菇装袋尽快出售。

加工香菇干制品,香味更浓,又便于贮藏运输,更受国外客户欢迎,且价格昂贵,所以香菇采收后应及时加工干制。通常加工的方法有烘干、晒干和烘晒结合三种。

(三)纯白金针菇的培植

金针菇又名毛柄金线菌,营养丰富,经常食用可防治溃疡病和抵抗癌症的发生,因此既是一种美味食品,又是较好的保健食品。

纯白金针菇培植的技术要点与管理方法如下:

(1)确定栽培时间。白色金针菇属低温型品种,菌丝生长适温18℃~20℃,菇蕾形成适温10℃左右,子实体生长适温5℃~8℃。北方一般适宜在10~11月接种,11月下旬至翌年2月出菇。

（2）栽培场所选择。北方地区以设置半地下式菇棚为宜。菇棚设置坐北朝南，菇架排列顺风向，架间宽 70 厘米，走道两端应设通气孔。这样保湿保温性能好，换气缓慢而均匀，光线微弱而可调，非常利于发菌和出菇。

（3）培养料配方。白色金针菇栽培原料可采用棉籽壳、玉米芯、豆秸、木屑等作为主料，但单一原料不如多料生长好。辅料可采用 15％～20％的麸皮、米糠、玉米面多种组合（越新鲜越好），0.5％～1％石灰水，1％石膏，0.5％～1％糖，0.1％磷酸二氢钾，0.5％～1％碳酸钙。培养料含水量以 63％～68％较为适宜。

（4）菌袋要求。菌袋是纯白金针菇的发生体，质量好坏直接关系到产量高低和产品品质优劣。优质的菌袋标准是：料面偏实，不松散；料面平整，不凸凹；料面菌丝扭结好，浓密粗壮，不干燥，不失水；料面成熟度一致。

（5）出菇期管理。发菌后要适时搔菌转入催蕾阶段。所谓适时，一是看气温能维持在 10℃～12℃；二是看菌丝长满袋或接近长满时。搔菌的方法是：用小铁铲将接进的菌种搔去，露出新生菌丝，并划破表面菌丝，通过搔菌可使料面平整、出菇整齐、出菇快而旺盛。

从搔菌到菇蕾发生约需 10 天，此阶段袋口要半密封（既保温又透气），光线偏暗，空气相对湿度 85％～90％，温度控制在 10℃左右，空气要新鲜，以全面促进菇蕾发生。当菇蕾全面发生后，袋口撑大些，增加通风换气，适当增加光线，空气湿度降低到 85％左右，温度控制在 5℃～8℃；当金针菇子实体长至 2 厘米时，可撑圆袋口。

（6）采收及采后管理。柄长 13～15 厘米、菌盖 0.5～1 厘米时，即可采收。采收后应将残根去净，重新扒平料面，视料内水分多少酌情补水，或注水，或灌水，或喷水，但袋内不能有积水。然后收拢袋口，覆报纸保温，待个别显蕾后，再重复上述管理方法。约经 3 周可采收第二茬菇。

二茬菇后可用 0.5％硫酸镁、1％磷肥和 1％尿素水浸泡，吸足水后重新管理，可出 3～4 茬。

（四）茯苓的培植

茯苓是一种优良的食用和药用菌类。由于茯苓菌含有多糖类、卵磷脂、葡萄糖、脂肪以及多种氨基酸等有效成分，故人们常以茯苓菌核作为营养调补食品。现在人们常食用的茯苓糕、茯苓饼、茯苓酥、茯苓粥等食品,都是以茯苓菌作为主要成分。

茯苓培植的技术要点与管理措施如下:

(1)菌种的培养

①母种培养。首先应配制母种培养基。取马铃薯(去皮切碎)200克、葡萄糖或白糖20克、磷酸二氢钾1克、硫酸镁0.5克、琼脂18克,加水至1000毫升,按常规方法制备,调整pH值为5~6,分别装入试管内,塞上棉塞,包扎,高压灭菌,制成斜面培养基。

在无菌条件下,取新鲜、无裂痕、具有特殊香气的成熟茯苓菌核一块,先用冷水洗净,再用汞液表面消毒,然后挖取黄豆大小的白色茯苓肉,接种在培养基中,放入温度为25℃~30℃恒温箱或培养室内培养5~7天。待白色绒毛状菌丝布满斜面培养基时,即得纯菌种。

②原种培养。母种培养成功后,还不能直接用于生产,必须再进行扩大繁殖。扩大培养所得的菌种,称为原种。

原种培养基的配制方法是将松木屑78千克、麦麸18千克、蔗糖0.5千克、黄豆(或豆饼粉)1千克、过磷酸钙0.5千克、熟石膏粉0.5千克,加水30升左右拌匀,分装于500毫升的广口瓶内。装量占瓶的4/5即可,然后压实,中央打一个至瓶底的小孔,塞一棉塞,进行高压灭菌1小时,冷却后即可接种。

在无菌条件下,挑取蚕豆大小的一块母种,放入瓶内原种培养基的中央洞穴中,置温度为25℃~30℃恒温箱或温室中培养20~30天。待菌丝长满全瓶即得原料。

③栽培种的培养。取松木块(120毫米×20毫米×100毫米)60%、松木屑16%、麦麸12%、蔗糖3%、石膏粉1%、尿素0.4%、过磷酸钙1%,加水适量。调节pH值为5~6。先将蔗糖、尿素溶解于水中,放入松木块,煮沸30分钟,捞出,另将松木屑、细糠、过磷酸钙、石膏粉等加在一起拌匀。然后,再将吸足糖液的松木块放入培养料中拌匀后,装入500毫升的广口瓶内,塞上棉塞,高压灭菌。待降温后便可取出接种。

在无菌条件下,挑取蚕豆大小的一块原种,接种在木片培养基上,移到培养室内置25℃~30℃下培养30天,待乳白色菌丝长满全瓶、闻之有香气时,即可接到段木或树桩上培养。

(2)栽培技术。宜选择背风朝阳、土质疏松、排水良好、pH值为6~

7、山坡沙土的地方。苓场选定好,用农药进行土壤消毒、清除杂草石块等物。挖宽 50 厘米、深 40～60 厘米、长 100～120 厘米窖,每亩窖穴 250～320 个,穴底与坡面平行,底土挖松 20～30 厘米。

常用树种有马尾松、赤松、油松、白皮松、黑松等。在秋末冬初伐树去枝,锯成 60～70 厘米长的木段。在段木上相间地削去几条树皮,条宽 3～5 厘米,深入木质部 0.5～1 厘米,以便使段木迅速干燥,流出松脂,接菌后容易成活。削皮后接"井"字形堆垛。段木间距 3～3.5 厘米,堆高 1 米,上盖塑料薄膜,下垫石枕,便于通风干燥和防雨。

用镊子取出人工培养的纯菌种,接入段木上端削口处,一般每窖接入菌种 50～100 克。接种后上盖木片或树叶,覆土约 10 厘米厚,保持土壤松紧适宜。窖面呈龟背形。

(3)管理措施。茯苓接种覆土后,每隔 10 天检查一次。接种后第七天,要进行一次发菌检查,并做好记录,发现问题及时解决。在接种后 15 天左右,如发现菌丝没有成活的,要及时进行补种或调种。

接种后,如发现白蚁或茯苓虱,可用枫杨树枝插入窖内,或用农药毒杀。在茯苓膨大生长时期,如发现土壤干裂现象,应及时培土补缝,否则会影响菌核的生长。

(4)采收与加工。一般茯苓接种后第二年的 8 月前后,当茯苓菌核长口处已封顶,靠段木处呈轻泡现象,菌蒂松脱,窖面土表不再出现裂纹,茯苓菌核变为黄褐色,表明茯苓已经成熟,应及时采收。

加工时,先将鲜茯苓除去沙土,堆置于室内不通风处"发汗",析出水分后,再堆放在阴凉处,待其表面干燥后,再行堆放"发汗"。如此反复数次,至内部水分大部分散失、表皮呈现皱纹后,阴干,即为"茯苓干"。或将鲜茯苓按需要进行切割、阴干,切制品按其取用部分不同,有茯苓皮、茯苓块和茯苓神等种类。

(五)黑木耳的培植

木耳,别名黑木耳、光木耳。木耳口感细嫩、风味特殊,是一种营养丰富的著名食用菌,有益气、充饥、轻身强智、止血止痛、补血活血等功效,还具有一定的抗癌和治疗心血管疾病功能。

黑木耳的培植新技术要点如下:

(1)培养料配方。黑木耳的培养料配方不下 10 种,所需材料不外乎木屑、米糠、蔗糖、过磷酸钙等,常见配方为:稻草 70％、米糠或麸皮 25％、玉米粉 1％、糖 1％、过磷酸钙 1％、石膏粉 1.5％、硫酸镁 0.2％、磷酸二氢钾 0.1％、硫胺素 50 毫克,均按质量取原料配成培养料。

(2)配料装瓶。选择新鲜、足干、无霉变的稻草,切成 2～3 厘米长的小段,用清水浸泡 24 小时,捞出沥去多余的水分,然后与米糠或麸皮、玉米粉、过磷酸钙、石膏粉混合均匀,糖、硫酸镁、磷酸二氢钾、硫胺素加适量水配成溶液加入料中,充分搅拌均匀,含水量 60％左右,pH 值调至 6.5。闷堆 0.5 小时,即可装入罐头瓶。装瓶时,要边装边压实,直至齐瓶口。要求上下松紧适中,并用小木棒扎一孔直至瓶底,揩净瓶壁,用双层报纸和一层塑料薄膜封盖瓶口,用橡皮筋扎紧即可。

(3)灭菌接种。培养料装好后,及时搬入常压消毒锅内,在 100℃下保持 8 小时灭菌时间,然后取出待料温降到 30℃以下搬入接种箱或接种室内,按无菌操作接入菌种。接种量以全部封盖料面为宜。

(4)室内养菌。接种后,将料瓶搬进培养室,竖放培养架上养菌。要求室内通风、干燥和避光。室内温度控制在 26℃～28℃,使菌丝尽快萌发生长和定植。7 天后菌丝布满料面,把温度调到 23℃～26℃,空气相对湿度控制在 70％以下,以利菌丝健壮并迅速伸入料内生长蔓延。经 20～25 天,菌丝即可长满全瓶。在菌丝长满前 3～5 天,取去瓶口封盖的报纸,并在薄膜上扎几个小孔,以利通气,促进耳芽迅速生长。当出现耳芽时,即可转入出耳管理。

(5)出耳管理。当发现料瓶里长出耳芽,立即将瓶子搬进葡萄园内,揭去瓶口薄膜,横放在耳架上,瓶底对瓶底,瓶口朝外,一排一排地放好。揭膜后,瓶口均要用湿布或报纸遮盖以利保湿催耳。

出耳后温度保持 20℃～25℃,空气相对湿度提高到 80％～85％,并保证充足光照和通气条件,使耳基出得整齐、肥壮、开片好、色泽深。如此时温度在 30℃以上,湿度超过 85％,则不利于开片,即使能开片,也易造成高温流耳。经 7～10 天,耳牙长到蚕豆大小时,要坚持每天均匀喷水 1～2 次;耳片直径达 2 厘米时,每天喷水 3～5 次,保持耳片湿润、边缘不干缩,并加强通风和光照,促进健康生长。当耳根收缩变细,且子实本腹面开始产生白色粉末状孢子,表明黑木耳子实体已经成熟或接近成

熟,应及时采收,采收前1天停止喷水。当第一潮木耳采收后,第二、第三潮子实体发生时,要用1‰尿素和磷酸二氢钾液喷洒,以增加养分,提高木耳产量和品质。

二、果树栽培

栽培果树,不仅能提供给人们品种多样、营养丰富的水果,改善人们的日常生活,还能够绿化和改善栽种地区的生态环境,更为重要的是,栽培果树能创造巨大的经济效益,促进农民增收致富。因此,对于渴望脱贫致富的农民朋友来说,发展果树栽培,无疑是一种正确的选择。

(一)苹果的优果栽培

苹果含有丰富的糖类、有机酸、纤维素、维生素、矿物质、多酚及黄酮类营养物质,被科学家誉为"全方位的健康水果"。苹果优果技术是指以提高果品质量为突破口,加大科技投入以改善栽培的各项技术的总和。

苹果的优果栽培技术要点如下:

(1)品种调整。品种调整是指发展更新换代品种,调整品种结构。增加早、中熟品种比例,压缩晚熟品种比例,使早、中、晚熟品种比例由目前的5:15:80调整到8:17:75。此外,还可适当发展加工或鲜食加工兼用品种。

(2)改形修剪。改形修剪是指推广细长纺锤形、自由纺锤形、改良纺锤形树形。细长纺锤形培养12～15个小主枝(长放结果枝组),主枝间距15～20厘米;自由纺锤形培养9～12个主枝(主枝带1～2个小侧枝);现有结果树改形修剪以改良纺锤形为主,下部培养3个主枝(各带2个侧枝),上部培养6～9个小主枝(类似细长纺锤形的长放结果枝组)。改形修剪要求:一是提干;二是强拉枝;三是减少枝量;四是减少主枝数,降低主枝的级次结构。

(3)合理施肥。有机肥与化肥配合,氮、磷、钾配合,10种元素配合$(N、P、K、Ga、Mg、Cu、Fe、Mn、Zn、B)$。亩施化肥总量(有效成分)不超过100千克。

（4）无公害病虫防治。病虫害综合防治采取防治结合,生物、物理与化学防治结合的方式进行,使用高效低残留农药,限用有机磷类、菊酯类农药,禁用高毒农药。生产中应推广无公害病虫防治技术,减少化学品投入量,降低农药残留,生产无公害绿色果品。

（5）果园生草。推行行间生草、树盘清耕制。适宜苹果园的草种有三叶草、黑麦草、毛苕子等,坡台地果园可种植小冠花,同时要及时刈割,高度控制在 20 厘米之内。生草果园在生草的前几年应增加化肥用量的 1/3 左右。

（6）节水灌溉。因地制宜发展滴灌、渗灌及集雨式窖灌、节水瓶等,推广旱作技术及覆草、覆膜保墒技术。

（7）果实套袋。贯彻果实套袋的配套技术,包括整形修剪、增加有机肥、选择果袋、补钙、套袋前喷药、定期检查套袋果、适时除袋、摘叶转果、适时采收等。

（8）疏花疏果。早疏、严疏,小型果间距 10～15 厘米留单果,中型果 15～20 厘米留单果,大型果 20～25 厘米留单果。推行人工授粉,增大果实,端正果形。

（9）采后处理。推行分期采收,提高贮藏能力,强化分级包装,加强营销。

(二)瓯柑的栽培

瓯柑是一个很古老的品种,有一千多年的生长历史,是温州特有的传统名果。瓯柑的食疗价值很高,民间素有"端午瓯柑似羚羊"的美誉。

欧柑的栽培技术要点如下:

（1）土、肥、水管理。平原瓯柑园的土壤管理主要有中耕除草、套种、树盘覆盖和客土等。中耕除草时要做到"冬深、春浅、夏刮皮"等几方面,即春夏季节中耕宜浅（5～10 厘米）,以防中耕过深伤根;冬季中耕除草时,应进行行理沟、培土等。平原瓯柑园可套种蔬菜和绿肥等。山地瓯柑园的土壤管理工作主要有中耕除草、套种绿肥、果园覆盖、深翻改土等。山地瓯柑园中耕除草后进行果园覆盖,覆盖材料采用杂草、绿肥即可,以减少土壤水分蒸发。山地瓯柑园可套种印度豇豆、苜蓿、箭舌豌豆及绿肥等。幼龄瓯柑可套种矮秆作物,既能增收,又可提高肥力。

瓯柑施肥一般结合中耕进行,以有机肥为主、化肥为辅,生长季节采用浅沟施,冬季采用深沟施。幼龄树宜薄肥勤施,以氮肥为主,配合施入磷、钾肥。在每次枝梢抽发前10~15天施1次,叶片转绿期间再施1次,冬季施1次腐熟栏肥,全年土壤施肥7次。同时结合病虫害防治进行根外追肥。幼龄树每次每株施肥量:30%的腐熟稀人粪尿2~3千克、尿素25~75克或三元复合肥50~100克。结果树全年施肥4~5次,并结合病虫害防治进行根外追肥。瓯柑的根外追肥可单独喷施,也可在病虫防治时加入农药中喷施,以总的浓度不要超过0.3%为宜。肥料种类有硼砂、硼酸、硫酸锌、尿素、磷酸二氢钾等。

平原瓯柑园在多雨季节要及时排除积水,伏旱、秋旱时要及时灌水。山地瓯柑园在干旱季节、现蕾期要及时灌水。

(2)整形修剪。瓯柑一年能抽春、夏、秋3次梢,都能发育成结果母枝。在自然生长状态下,夏梢结果母枝占54%,大多是徒长性结果母枝,因此要按照一定原则修剪。幼龄瓯柑树利用夏梢生长量大的特点,选留3~4条生长健壮、分枝角度及位置合理的夏梢,先缓放、后经短截修剪,培养其成为主枝;对直立着生的幼嫩枝梢及着生过密的春梢、夏梢、秋梢要及早抹除;对着生位合理的春梢、夏梢和秋梢,应进行摘心;待主枝1.5米长时,在主枝上选择1条斜生夏梢,培养其成为第一副主枝,以后视栽植密度,可在第一副主枝的相对面培养第二副主枝;待全树有150条健壮末级梢时,即可让其初次结果。瓯柑结果后,修剪的主要任务是继续扩大树冠、尽快达到最高生产能力和防止结果部位外移、内膛空虚、小年结果现象的发生。主要的修剪方法有抹芽、摘心、短截修剪、疏删修剪。

(3)疏花、保果。花量太多的瓯柑结果树,在蕾期进行适度短截修剪,去掉多余的花蕾。幼龄树花量也很密,如果不打算让其结果,在花蕾期全部疏除,以减少营养消耗。

对生长势太强的结果树,可采用控新梢保果、大中型结果枝组环割保果、开花前喷硼砂(或硼酸)保果等措施。对生长势偏弱的结果树,开花前喷0.1%磷酸二氢钾、0.1%尿素、0.1%硼砂混合液,花谢2/3时喷50毫克/千克赤霉素,可有效地提高坐果率。对红蜘蛛、蚜虫危害严重的瓯柑园,开花前进行1~2次彻底的防治,谢花后再进行1~2次的防治,可有效地预防瓯柑因虫害异常落花落果。

（4）病虫害防治。瓯柑的病虫害较多，主要病害有疮痂病、炭疽病、树脂病、黄龙病等，主要害虫有红蜘蛛、锈壁虱、潜叶蛾、卷叶蛾、凤蝶、天牛、黑刺粉虱、金龟子、蚜虫类、介壳虫类等。

（5）果实采收。瓯柑一般在11月下旬（小雪节气前后2天）选晴天或阴天进行采收，雨天及早晨露水未干时不采果。采前15天停止施肥、浇水。采收时，用左手的食指、中指夹住果枝，其余三指托住果实，先用果剪剪断夹住果枝的果实，然后再齐果肩剪平。瓯柑要一次性全树采摘完毕，做到轻拿轻放、轻装运。瓯柑采收后，需贮藏一段时间，待风味达到最佳时，再上市销售或食用。

(三)四季柚的栽培

四季柚外形美观、肉脆无籽、果汁丰富、酸甜适口、香味浓郁，具有丰富的营养价值和较高的食疗价值，素有"仙家名果"的美称。

四季柚的栽培管理技术要点如下：

（1）幼树管理。1～2年生的四季柚幼树宜薄肥勤施，每次抽梢前、后各施1次稀薄腐熟人粪加适量的化肥。第三年，春夏梢抽梢前、后各施1次稀薄腐熟人粪加适量的化肥，抽秋梢时要增施磷钾肥，控制氮肥用量，促使秋梢母枝形成花芽。

（2）初结果树管理。初结果树一年施肥3～4次，采用冬重、春促、夏秋补足的施肥方法。冬肥在采果前后施入，以人粪尿等有机肥为主。春肥要看树施，树势过旺的初结果树可以不施或少施；树势弱的初结果树，春肥一般2月下旬至3月初施入，以速效氮肥为主。夏肥也要看树施，5月上旬至6月上旬施入，对树势衰弱或结果多的初结果树，株施人粪尿10～15千克；对树势旺、花量适中、果偏少的树可不施，只进行多次根外追肥。秋肥7月中下旬施入，应增施磷、钾肥，以促发秋梢、促进果实增大。在7～8月高温干旱期，要保持土壤水分不低于田间持水量的60%。

（3）成龄树管理。成龄四季柚全年施肥4次以上。秋肥在8月下旬秋梢抽生前施入，秋肥要结合抗旱灌溉进行。肥料种类以栏肥、厩肥、饼肥等有机肥为主，加入适量的化肥。做到氮、磷、钾和微肥的混合施用，要重视补施硼肥。施肥量视树体大小与挂果量而定。全年4次施肥的施肥量和肥料种类各有侧重。冬肥在11月份采果前后施入，冬肥宜重

施,施肥量占全年的 40%～50%,以有机肥为主,以恢复树势、促进花芽分化;春肥在 3 月上旬春梢萌芽时施入,春肥的施肥量占全年的 30%,以氮肥为主,配合钾肥,以满足大量开花、抽梢及幼果发育的养分消耗;夏肥在 6 月中旬幼果迅速生长期施入,夏、秋肥要看树、看果轻施,以速效肥为主,目的是保持树体营养平衡。

(四)牡丹石榴的高产栽培

牡丹石榴是自然变异的品种,以花冠大、花形如牡丹而得名。果实近圆形或扁圆形,鲜红色,籽粒红色,粒大肉厚,浆汁多,营养丰富。

牡丹石榴的高产栽培技术要点如下:

(1)建园。牡丹石榴是喜光树种,生长期内要求温度大于 10℃以上。一般选择土层深厚、肥力较好、排灌方便、交通便利的地块建园,最适 pH 值为 6.5～7.5。

牡丹石榴以秋季或夏季定植为好,栽前结合挖定植穴,每亩施有机肥 4000～5000 千克,磷酸二铵 50 千克。穴长、宽、深各 80 厘米,穴内先施入基肥,后填土,定植密度为 2.5 米×4 米。栽后压实浇透水,干旱地区栽后应在灌水后的漏斗坑上再覆上地膜,即将地膜剪个缺口套在苗干周围,以使苗木根系在春季萌芽前始终处于湿润、温暖状态。

牡丹石榴有较高的观赏价值,公园、工厂、学校及街道多移栽几年生大苗,移栽时带土坨要大一些,并用草绳将土坨缠紧,以保持根系活力。

(2)肥水管理。以施农家肥为主,氮、磷、钾化肥合理搭配。以秋施为好,多在采果后 15 天至落叶前,结合深耕或深翻改土进行,施肥量为每生产 1 千克果实施 2 千克农家肥。追肥分 3 次施入,开花前追肥是萌芽至开花的现蕾初期,以追速效性氮肥为主,适当配以磷肥,以促进生长,增加光合作用,促使萌芽开花,减少落花落果;幼果膨大期追肥以氮、磷肥为主,适当加入钾肥,此次追肥可显著减少幼果脱落,促进果实膨大;果实转色期追肥在采收前 1 个月进行,以速效磷、钾肥为主。

牡丹石榴一般应浇 4 次水:封冻水,结合施基肥在封冻前(12 月份)灌水 1 次;萌芽水,早春萌芽时常有春旱发生,此次结合追肥灌水,可提高光合效能,增加正常花的比例;花后水,6 月份盛花期后根据情况灌水;催果水,应视雨量情况灌水 1～2 次。

（3）合理修剪。以轻剪为主,树形多采用主枝自然而开心形。冬剪时,除对干枯枝、重叠枝、纤弱枝、下垂枝、病虫枝和过密徒长枝疏除外,其他枝条一般不动。夏季注意拉枝开角,防止内膛空。利用内膛徒长枝培养结果枝组,达到内外立体结果。通过抹芽、除萌、摘心、拉枝、疏枝等春剪和夏剪方法,调整树势、枝量,打开光路。

（4）花期管理。牡丹石榴每年开花都很多,但正常花只占 10% 左右,应设法提高正常花的比例和正常花的坐果率。一般来说,可采取如下措施:

①果园放蜂及人工授粉;②在盛花期适时环割;③喷洒微量元素和生长调节剂。

（5）病虫害防治。红蜘蛛、蚜虫、桃蛀螟及蛀干的基窗蛾是牡丹石榴的主要虫害,在 5 月下旬喷洒农药 2 次,效果较好。病害主要是干腐病,发现后先刮净上层皮,再涂抹 10 波美度石硫合剂。

（五）超早红蜜桃的栽培

超早红蜜桃具有果面浓红、色艳美观、果实端正、个头大、肉质脆嫩、浓甜核小、风味独特等优点。该果早熟性强,苗木栽植后第三年即可结果,大棚栽植 14 个月果实成熟上市,从开花到成熟约 55 天。

超早红蜜桃的栽培技术要点如下:

（1）树形与密度。露地栽培树形可采用三主枝开心形或自由纺锤形,适宜密度 3 米×4 米或 2 米×4 米。大棚栽培树形可采用主干自由形或倒"人"字形,适宜密度 2 米×1 米。

（2）控制留果量。花后 10~15 天开始疏果,长果枝留 3~4 个果,短果枝留 1 个果,一般每 667 平方米留果量控制在 12000~15000 个。

（3）分期施肥。萌芽前每 667 平方米施有机肥 2~3 立方米,果实膨大期施磷酸二铵 30 千克,果实采摘后施三元素复合肥 40 千克,落叶后施有机肥 2.3 立方米。叶面施肥从果实膨大期至成熟期,每周喷施一次。

（4）夏季修剪。坐果后及时剪除无果枝、直立旺枝、无叶果枝、细弱枝。幼果生长期疏除树冠外围的旺长枝。采果后为改善树体光照条件,及时疏除稠密枝、老弱枝。

（5）防治病虫。桃树萌芽前喷石硫合剂防治越冬病虫,花前和谢花后各喷一次蚜虱净稀释药液防治蚜虫,细菌性穿孔病可在发病初期喷农药防治。

(六)"沁香"猕猴桃的优质栽培

"沁香"是从猕猴桃野生资源中选育出的优良品种。果实品质优良、肉质鲜嫩、风味浓郁清香。该品种生长迅速、投产早、结果多、单产高、效益大。

"沁香"猕猴桃的优质栽培技术要点如下:

(1)育苗。11月中旬,将饱满、保管好的当年种子,用30℃温水浸泡1昼夜,滤出后,用1:10的湿沙堆培在冷凉处,上盖谷草,每周上下翻动1次,注意通气补湿。

选择地势稍高、背风向阳处做温床。床内施足热性优质堆肥后翻耕、整细、耙平,施猪粪水,再垫约2厘米厚的菜园土,用木板刮平。将低温沙培2个月的种子均匀撒播。播后均匀地撒一层细土,盖没种子。接着盖薄膜,温度低时夜晚再盖一层草帘。

幼苗出土后,应遮阳透光,控制床温在16℃~28℃。保持湿度。2片真叶后,结合抗旱补湿喷0.1%尿素液,促苗快长。防治病虫,除草间苗。3片真叶时,每10厘米见方内留1~2株壮苗。幼苗长到4片真叶时,逐步揭膜,减少遮阳,炼苗半个月以上,待苗长到5叶1心时起苗移栽。

选排灌方便、疏松肥沃、中性偏酸的沙壤土,施足基肥,深挖细耙,开沟筑畦。按每亩1.2万株苗的规格起苗移栽、浇定根水、遮阳。移苗后抓好抗旱、防涝、中耕、除草和合理施肥、适时摘心、防治病虫害等农事。

(2)嫁接。选用土生土长的中华猕猴桃硬毛变种作砧木较好。在综合性状优良、生长健壮的成年树中上部位,选剪腋芽饱满的1年生或当年生枝。一般在春秋两季进行。春季嫁接宜在萌发前25天左右,秋天嫁接在气温较凉爽时进行。嫁接方法,可用单芽枝切接或腹接,在距地面10厘米左右砧木光滑处,削面长约2厘米,两者的形成层以同一侧为准对端合严,用薄膜带紧扎捆牢,切口用保护剂(凡士林等)涂抹。

接穗接上后,适时抹去根萌芽和剪除实生枝,解除嫁接部位的包扎物。接芽抽梢时,将小竹竿一端插于树旁,用麻绳轻缚梢部,预防折断。新梢长到1米时摘心,促其加粗生长。培养健壮大苗定植,有利于早投产。

(3)扦插。选优良单株上半部木质化枝条,在中部先靠近节部剪截,疏去1/2的叶片。将枝条用湿沙埋藏,伤口愈合后再行扦插;插条上切口封蜡,减少蒸发。扦插方法有硬枝扦插、绿枝扦插、根段扦插等。3月份进行硬枝扦插,插床盖草保湿保温,控制温度在 10℃ 以上,湿度为 85％,插条经用生根粉液(按包装袋上的说明使用)浸后扦插,成活率可达 80％ 以上。绿枝扦插选 6 月份阴天或晴天早上空气凉爽时进行,一般插条剪 2～3 节,大叶留 1 片,小叶留 2 片。根段扦插选用的根段以 1～2 年生嫩根为好,剪成 8～15 厘米长,直接插在沙质壤土的苗圃中,一般斜插成活率达 80％ 以上。

(4)定植。选背风湿润、土层深厚、疏松肥沃、中性偏酸、腐殖质多的沙壤土,兼顾排灌和交通条件。行距 2 米、株距 3 米或 3 米×3 米。行向依地势而定,一般采用南北向,注意通风透光。以 10∶1 的比例呈梅花状配置,保证有足量的花粉授粉,提高果实质量和单产。应深沟高畦,实行高畦栽培。定植时间在早春萌芽前进行。尽可能就地育苗、就地定植。栽时在打好的窝堆上挖一小穴,土覆到基部青黄交界处即可。

(5)搭架。搭架形式多样,宜采用篱壁架,用钢筋水泥杆立柱,牵 3 道粗铁丝组成。

(6)整枝。从主干基部萌发的生长旺盛枝,多数是有很高生产潜力的第二年的结果母枝,应合理利用。初嫁接定植的幼树,以长树架为主,要适时抹芽摘心,少动剪刀。一般投产树冬修在萌芽前 1 个月进行,把病弱枝、枯死枝、过密枝、缠绕枝等剪去。老树更新应注意回缩结果部位。夏季主要是及时摘心抹芽。一般用小竹竿和麻绳将幼树主蔓轻缚引绑上架。在合理修剪枝蔓的基础上,要留强去弱、留好去劣,适时适度疏果,提高果实品质。

(7)田间管理。初定植的幼树,施肥以腐熟的猪粪水、尿素为主。头年定植成活的幼树,春季施肥 1 次。第一次新梢抽发期间隔 20 天施 2 次,第二次新梢抽发期再施 1 次。秋末施越冬肥。

主要病害有根腐病和日灼病。防治方法:一是深沟高畦及时排涝抗旱,二是正确施肥,三是在树盘外空行间套作豌豆、黄豆、花生等作物。对一般害虫,如卷叶蛾、天牛、椿象等进行人工捕杀,对蚧壳虫、红蜘蛛、蚜虫等,用天敌如瓢虫、草蛉等来除掉。为提高产量和风味、品质,应在花期放蜂或人工辅助授粉。

(8)果实采收。鲜果应实行计划采收,分批采摘,精细采果。采后要及时摊晾,分类分级装箱,迅速调运、放库、销售或加工。

(七)斯坦勒甜樱桃的栽培

斯坦勒甜樱桃属于欧洲甜樱桃种。斯坦勒甜樱桃果形为心形,略纵向拉长,果实表面颜色为黑红色,有诱人光泽,果实酸甜适中,品质优异。

斯坦勒甜樱桃的栽培技术要点如下:

(1)栽培密度。采用株行距 2 米×3.5 米双行式栽培,每亩约栽培190 株,4 年生斯坦勒甜樱桃树亩产量可达到 1587 千克。适宜土壤为沙壤土,土壤最佳 pH 值为 6.5~7.5。

(2)整形修剪。在大田栽培后第一年,定干高度距地面 85 厘米,采用细长纺锤或纺锤形整形修剪技术。生长期应注意拉枝,拉枝角度与水平面呈 85°~90°角。栽培后第二年注意勤摘心,新梢除延长头以外全部摘心,第一次新梢长 30 厘米时开始摘心,第二次新梢长 25 厘米时开始摘心。盛果期细长纺锤形樱桃树树形要求留 12~15 个主枝节,螺旋形排列上升;纺锤形树树形要求留 6~8 个主枝,层间距 70~80 厘米,树冠高度控制在 3.5~4 米。

(3)施肥灌水。幼树每年每株施有机肥 25 千克,氮、磷、钾复合肥 2.5千克。结果盛期每株施有机肥 100 千克,氮、磷、钾复合肥 5 千克,尿素 3~5 千克,氮肥、钾肥比例为 2∶1。施肥关键时期:第一次在萌芽期,以施速效肥为主;第二次在采果后,速效肥结合复合肥施用;第三次在秋季施基肥,以农家肥为主。果园灌溉最好采用微喷灌技术,减少大水漫灌。

(4)病虫害防治。樱桃树病虫害主要是樱桃根癌病、樱桃溃疡病,虫害主要是金龟子和黄刺蛾。樱桃根癌病主要以预防为主。樱桃溃疡病主要在樱桃树干发病,出现症状时立即刮除病斑,并用石硫合剂涂刷病斑部。金龟子采用人工傍晚扑杀或用药液喷雾防治。黄刺蛾用药液喷雾防治。

(八)丁岙杨梅的栽培

丁岙杨梅是早熟鲜食品种,原产地温州瓯海,6月上旬果实成熟。丁岙杨梅果面紫红色,果蒂黄绿、呈瘤状突起。黄绿色果蒂点缀于紫红色果面之上,非常艳丽,有"红盘绿蒂"之美誉。

丁岙杨梅的栽培技术要点如下:

(1)春季修剪。开花前,在树冠东、南、西、北各个方位,均匀地短截全树 1/3 数量的结果枝组,结果枝组留桩 5~10 厘米。一般修剪后 20 天,隐芽就能萌发,可长成5～10条健壮的新春梢,当年都能发育成结果枝。

(2)夏季修剪。果实采收后,如仍觉得结果枝预备枝数量不够,可采取短截结过果的枝组,以促发健壮的新夏梢。具体方法:采果后,在树冠东、南、西、北各个方位,均匀地短截全树1/3数量已结果的枝组,留桩长5～10厘米。一般修剪后20天,隐芽就能萌发,可长成5～10条健壮的新夏梢,当年大都能发育成结果枝。

(3)疏果。通过结果枝组短截修剪,剪去了过多的结果枝,但留下的结果枝着果仍然太多。应采取人工疏果,疏去过多的幼果。一般在果实豌豆大小至硬核期,进行人工疏果、定果。每条中果枝、短果枝留果1个。

(4)施肥。杨梅的施肥与其他果树有许多不同点,除了应考虑土壤的潜在养分和供肥能力、树体养分水平及杨梅的需肥特性外,还应考虑杨梅根瘤菌的共生固氮和提高土壤中磷的有效度的作用,以及施用钾肥对提高果实品质和促进生长的效果。

丁岙杨梅结果性能很好,很容易出现坐果量太多导致树势衰弱。施肥的主要任务是:使生长势中庸的树继续保持中庸的树势,维持年年美满结果;使生长势偏弱的树恢复中庸的树势,恢复正常结果。一般丁岙杨梅采用土壤施肥和根外施肥相结合。

(九)八月红甜柿的栽培

八月红甜柿是坐果稳定、丰产稳定,较耐旱,对土壤、气候适应性强的特早熟甜柿新品种。该品种早果丰产,市场前景极好。

八月红甜柿的栽培技术要点如下:

(1)合理密植。早果丰产园一般采用2米×3米株行距。栽植时间以秋季落叶后栽植为主。栽植前先按确定的株行距挖长、宽各1米,深0.8米的穴。挖穴时要把表土、心土分开放置。定植前要施足有机肥,一般每株施25～40千克厩肥,肥料要与表土混合均匀,填入底层或中部。填肥时要分层踏实,防止雨水造成土壤下沉过深带来根系断裂或根茎下移,使八月红甜柿以后的生长、结果受到影响。

(2)肥水管理。基肥以有机肥料为主,并适当配合部分速效性化肥。常用的基肥有堆肥、圈肥、作物秸秆、绿肥、人粪尿等。速效肥以硫酸钾复合肥、果树专用复合肥等为宜。施基肥宜采用挖沟施入法。施肥一般

分为春施和秋施两种,以秋施效果最佳。秋施多在柿果收获的9月下旬至10月上旬进行,此时正处于树体营养物质积累旺盛期,地下根系尚未停止生长,施肥后有利于增加树体养分积累,提高树体营养水平,伤根也容易愈合,并能促进新根萌发,对第二年生长发育极为有利。

追肥在生长季节进行。第一次在萌芽前进行。施入时间以萌芽前10~15天为宜。第二次追肥在初长期进行,用肥量不宜过大。第三次是果实膨大期追肥。这次追肥在生理落果期进行,以磷钾为主,氮肥为辅。同时还可根据生长状况进行叶面喷肥。

一般情况下,全年在萌芽期和土地解冻前浇水两次即可。一般都与追肥相结合。

(3)整形修剪。八月红甜柿整形修剪要点:合理利用空间、充分利用地力,以放为主,春季刻芽结合秋季拉枝缓势控长,早果早丰。具体修剪方法是:定植当年定干高80厘米,结合赤霉素抹芽促发新梢,选留3个新梢作为第一层主枝培养,主干延长头任其继续生长。主枝新梢长60厘米时摘心,促发新梢,间隔20厘米选留1个作为侧枝培养。9月20日以后对主枝及其他长度在80厘米以上、较直立的枝条进行拉枝,枝条与树干的基角为80°~90°,以缓和树势。

第二年对主干延长头留足80厘米剪截,在适当的部位刻芽并涂抹赤霉素促使新梢萌发,选留2个新梢作为第二层主枝培养,主干延长头任其生长,长60厘米时摘心,新梢萌发后选留1个方向适宜的新梢作为第三层主枝培养。第二层主枝长60厘米时摘心,促发新梢,间隔20厘米选留1个作为侧枝培养。第一层主枝上的背上枝萌发后即行抹除,侧背枝及水平枝按10~20厘米间隔保留1个,长度30厘米时摘心培养成2~4个结果母枝。第一层主枝的侧枝萌发新梢后长至30厘米时摘心,同法培养成结果枝。9月20日以后对未拉平的主枝及其他长度在80厘米以上、较直立枝条进行拉枝,枝条与树干的基角为80°~90°,以缓和树势。

第三年时树形已经基本形成,修剪的主要工作是对第二、第三层主枝进行摘心和拉枝,培养一定数量的结果母枝。对第一层主枝上已经结过果的结果母枝进行更新,去弱留强。

第四年及其以后已经进入结果期,主要修剪任务是调整树势,保持营养生长和生殖生长的相对平衡。

(4)病虫害防治。八月红甜柿病虫害较少。在山区危害柿树最严重的是舞毒蛾(柿毛虫),由于山区水源较少,柿树的树体高大,舞毒蛾又多危害柿树顶部的嫩芽,常规的喷药防治较为困难,可将草绳放在 1 份溴氰菊酯(又名敌杀死)、12 份柴油、3 份机油的混合液中浸泡 10 小时以上,在舞毒蛾幼虫孵化初期将草绳围在树干离地面 50 厘米处,防治效果可达 95％以上。

(十)枇杷的优质高产栽培

枇杷是盛产于我国南方的特有珍稀水果。因其果肉柔软多汁、酸甜适度、味道鲜美、营养丰富,被誉为"果中之皇"。同时,枇杷还有很高的保健价值。

枇杷的优质高产种植技术如下:

(1)建园。由于枇杷在冬季开花春季结果,幼果抗低温能力弱,栽培地的最低温度以不低于－5℃为宜。枇杷对环境的要求不严,平地、山地、沙地均可,以土层深厚、疏松、肥沃而不积水、pH 值为 6.5 的微酸性土壤为佳,行向选择南北向。

以每年 11 月到第二年 3 月为最好的定植时间。因冬季易有冻害,所以春季栽植为好。定植常用密度为 667 平方米(亩)111 株,株行距为 2 米×3 米或 667 平方米栽 52 株,株行距 3 米×4 米。

栽植穴长 80 厘米,宽 80 厘米,深 60～80 厘米,将苗木的根系和枝叶适度修剪后放入穴中央,舒展根系,扶正,边填土边轻轻向上提苗,填踏实后,使根系与土壤密接。填土后在树苗周围做直径 1 米的树盘,浇足定根水,栽植深度以根茎露出地面 5～10 厘米为宜。

(2)土壤管理。利用河泥土、塘泥、冲积土、肥沃红黄壤等加稻草进行果园培土。每年除草 5～6 次,并用生草、花生苗、稻草等覆盖树盘,覆盖厚度 10 厘米以上。12 月中旬～2 月中旬春梢萌发前,或 9 月上旬至中旬,耕深 15～20 厘米,埋施有机肥、化肥,促进树冠、根系的生长。挖环状沟或开条状沟,施入秸秆、草料、石灰、磷钾肥、钙镁肥、牛栏粪等。

(3)水分管理。主要做好灌溉和排水。在抽花穗、开花后、秋冬季、夏初等主要时期视干旱情况采用各种灌溉措施。注意雨季、梅雨季节的降雨及成熟期土壤水分管理,防止果园积水。

（4）施肥。定植穴填入秸秆、杂草、绿肥并撒上石灰，回填 10～20 厘米表土后，每株分层施入土杂肥、钙镁磷肥及火烧土、草木灰等。幼树薄肥勤施，新栽植树到当年秋季施第一次肥。每年 5 月至 6 月，成年树采果后及夏梢抽生期，重施肥，以促夏梢和树势恢复，为花芽分化做准备。9 月至 10 月开花前疏花穗，再结合扩穴改土深翻，来促进开花、坐果。同时结合化肥，再施以厩肥、堆肥等最佳的有机肥。2～3 月是春梢抽发和幼果增大期，为促春梢和幼果生长，此次再施肥。3 月下旬至 4 月中旬是幼果迅速增大期，再追施肥，以促果实膨大和夏梢萌发。

（5）整形修剪。枇杷树形一般采用主干分层形，干高 30～60 厘米处，第一层主枝 3～4 根，第二层 2～3 个主枝，第三层 1～2 个主枝，三层以上中心主干露头并控制树高。最后形成第一层与第二层间距为 1～1.2 米，第二层与第三层间距 80 厘米左右，树高 2～2.5 米。

对枇杷树进行修剪时，应注意以下事项：采收后，剪除衰弱、枯、病虫害、密生、交叉、强势徒长等枝；结果枝多年后基部无叶，枝条过长，留 100 厘米短剪。抽穗期 10～11 月，重点剪除过密、下垂、病虫等枝及花穗基部副梢，短截结果枝和徒长枝，调节结果量。幼果期，为预防冻害，秋季修剪延至 2、3 月间结合疏果进行。疏芽在幼梢不超过 3 厘米时进行。成年树减少副梢，促结果枝，在采果或修剪后、夏秋季，花果穗基部的芽要及时摘除。骨干枝上发生较强枝梢从基部剪除或近基部短截。结果枝不能远离骨干枝，隐芽萌发后留 1～2 个芽培养为结果母枝。竹节状的马鞭形结果枝应回缩更新。

（6）促进花芽分化。当枇杷幼树的营养生长达到一定的指标：30～40 枝，300～400 片叶子时，即可在早夏梢停长的 7～8 月枇杷的花芽分化期及时实施如下促花措施，可以促进幼树的提早开花结果，夺取早期收益。此时应控制氮肥，增施磷、钾肥。不灌水，并经常疏松树盘土壤和注意雨季及时开沟排水以有利于造成土壤适当干燥而迫使地上部枝条顶芽停长，进行花芽分化，由叶芽转化成花芽。及时拉枝和扭枝，促使枝条顶芽停止生长和及时成花。

（7）花果管理。在初花穗已明显，但尚未开花时疏掉花穗。在花穗生长至穗轴末端未完全张开前修剪花穗。幼果稳定后，能区别好坏果时进行疏果，去除病虫、擦伤、畸形、过密果、小果。幼果有拇指大小时结合疏果给果实套袋。最后是增施钙肥和喷施防裂灵防裂果。

(8)病虫害综合防治。枇杷主要的病虫害有叶斑病、炭疽病、黄毛虫、梨小食心虫、蚜虫、桃蛀螟等。因此种植枇杷时对于常见病虫害应做到防治结合,要选择抗病品种,认真进行冬季清园,冬季或早春消灭枝干上越冬蛹,发现羽化期和幼虫期虫害要及时扑杀,早期摘除病叶,并结合药剂进行防治。

(9)果实采收。枇杷在成熟前 15~20 天,酸度开始下降,糖分才开始上升,到成熟时,果重增加达到最高峰,成熟以前品质变化不大。因此,采收枇杷必须在果实充分成熟时进行,做到选熟留青、分批采收,既有利于恢复树势,又能提高果实品质。枇杷成熟一般在 4 月中下旬到 5 月初。如果是鲜果外销或长途运输,可在八成熟时采果。

(十一)龙眼的丰产稳产栽培

龙眼俗称"桂圆",是我国南方亚热带的名贵特产。其有壮阳益气、补益心脾、养血安神等功效,可治疗贫血、心悸、失眠及产后虚弱等症。

龙眼丰产稳产栽培与管理技术要点如下:

(1)春芽催醒。在元月上、中旬对龙眼春芽进行催醒。催醒的方法有树盘灌水、适当施用肥料催醒、喷施激素催醒等。

(2)化学药剂调控预防冲梢。在龙眼的顶芽开始萌动后,用化学药剂进行适当的调控,预防冲梢。调控药物可以选用"调花素"进行叶面喷雾,或者在顶芽呈莲座期用乙烯利加多效唑喷洒树冠。

(3)严格疏花疏果。在花穗基本成形后,如果花穗量比较大,要进行疏花穗。具体是操作者沿着树冠外围往一个方向走,见 3 个或 4 个花穗就剪去一个。疏完之后,树冠留下 2/3~3/4 的花穗。然后进行短截花穗工作,截去花穗主轴先端部分,保留主轴基部 4~6 个分枝。

疏果方法分为疏果穗和疏果粒两部分。如果龙眼树没有进行过花穗整穗疏除,可采用"见三疏一"或"见四疏一"的办法均匀地疏去 1/4~1/3 的果穗(指整穗剪除),全树留下 2/3~3/4 的果穗。疏完果穗后用"弧形短截＋挖心和扫地"的办法对留下的果穗进行疏果粒。

(4)施肥壮果和防治病虫害。6 月中下旬至 7 月中下旬是龙眼果实快速生长发育期,这个时期要大量地供给果树肥水,以利于果实的正常

生长发育。施肥量视挂果情况而定,挂果多则多施,挂果少则少施。同时,要进行病虫害的防治,尤其是蛀蒂虫、白蛾蜡蝉、介壳虫、蝽象类等害虫和一些果实病害的防治。

(5)采果后重施速效肥攻梢。7月底至8月底龙眼果实成熟,要根据果实的成熟度以及市场的情况及时采收。有条件的果园在采果前的10天施1次肥料,对果树的树势恢复更为理想。采收后,应及时施肥攻秋梢,最好是将肥料溶于水淋施。肥料可选用速效氮肥和含硫复合肥及充分腐熟的有机肥等.

(6)及时抹芽留单梢。在施肥完成后进行采果枝的回缩修剪,使树体长出两次秋梢,成为下一年的结果母枝单元。为使采后梢粗壮,在新梢长出来8～10厘米长时进行抹芽定梢,每一条采果后的基枝上只留一条新梢。

(7)秋冬季巧用多效唑培养短壮结果母枝。当年的末次梢巧用多效唑处理,可使枝梢节间短而壮,成花物质提高,有利于来年的成花与坐果。

(8)环割环剥控制冬梢和促进成花。11月中下旬至12月,在最后一批梢基本老熟后,在树的主干或主枝上进行螺旋形环剥或者环割,以控制冬梢和促进成花。尤其是储良品种的年轻壮旺树,环剥能大大提高来年的成花率。

(十二)白果的栽培

白果又名银杏,有"植物界的大熊猫"之称。因此,在诸多干果中,银杏的经济价值排名第三。

白果栽培新技术的主要方法是:

(1)育苗嫁接。在雄株附近的优良母树上采收种子,经脱皮、去肉、阴干后沙藏到次年2月底至3月上旬播种。选择排水良好、土壤疏松的壤质土做圃地,施入农家肥,翻耕耙匀后,做成宽1.2～1.5米、高15厘米的苗床,开深5厘米的播种沟,行距25厘米。每隔6厘米点播1粒种子,每亩用种4万粒。播种后用草木灰和细土覆盖,厚3～4厘米。播种时,将经催芽种的胚根在0.5厘米处掐断,以促进侧根生长。幼苗出土后搭棚遮阳、中耕除草、施肥和防治病虫害。第二年可以嫁接。选用结果早、产量高的树冠中上部2～5年生枝条为接穗。春季采用单芽切接,秋季采用腹接,苗木茎粗0.8厘米,高35厘米,即可出圃造林。

（2）挖坑移栽。选择背风向阳、土层深厚、土壤肥沃疏松、排水良好的土地栽培，株行距 3.5 米×5 米，每亩 41 株，配 2 株雄株，按风向分散栽培，以利授粉。定植坑长宽各 1 米，深 0.8～1 米，每坑施塘泥 50 千克和经沤制的垃圾肥 100 千克，拌 0.5 千克石灰。定植时，每坑用钙、镁、磷肥 0.5～1 千克与表土拌匀填平定植坑，然后挖一小坑，将苗木放入坑内，覆盖细土，将苗木轻轻往上一提，再把土压实，浇定根水，再用细土填平。

（3）抚育管理。移栽半个月后，中耕、除草、施肥和防治病虫害。在平地或缓坡地可以间种黄豆、绿豆、花生、早稻、豇豆等矮秆作物。每年早春、秋末各施肥 1 次，每次每株施一定量的人畜尿、复合肥和腐熟的农家肥。树冠外缘下挖 0.3～0.4 米深环状施肥沟，把肥料施进沟内后盖土，3～5 年进入开花结果期。

（4）结果树的施肥。每年施 3 次肥。第一次在 2 月中旬至 3 月中旬，以速效肥如人、畜粪尿为主。每株施 50 千克。第二次在 5 月中旬至 6 月中旬，以施速效肥为主。第三次在 8 月底至 9 月中旬采果前后，以圈粪和堆肥为主。每收获 1 千克果施有机肥 4 千克。

（十三）人参果的栽培

人参果清香多汁、风味独特、营养丰富，富含硒元素，被誉为"生命的火种""抗癌之王"。人参果是一种高效经济作物，它的嫩枝嫩叶是家畜猪、牛、羊、兔喜食的青饲料。其开发前景非常广阔。

人参果的栽培技术要点如下：

（1）栽培。人参果适应性广，只要温度适宜，一年四季均可播种或扦插育苗，可见茬口并不严格。露地栽培主要是从春至秋一大茬，日光温室栽培则可分为秋产茬和冬春茬。人参果在北方不能露地越冬，不论成株和幼苗均需设施保护。露地与保护地结合才能实现周年生产、均衡供应，因此有温室与露地结合一大茬栽培、日光温室秋冬茬栽培、冬春茬栽培多种方法。

（2）幼苗繁殖。人参果种子少而小，千粒种只有 1 克左右。种子来源少，出苗率及成苗率也不理想，但种子繁殖能够保持种性，还可方便种子消毒，从而可以克服扦插繁殖带来的病毒严重的问题。

人参果发生侧枝多，扦插简单，易成活。露地或塑料棚春季定植用

的幼苗,需在温室或塑料棚内扦插育苗,当年即可开花结果,产量也高。冬季在温室生产用的幼苗,要在秋季露地扦插育苗。总之,在扦插育苗中,冬季要有防寒保湿设施,夏季需有遮阳防雨条件。

(3)整地施肥。每亩施入充分腐熟的农家肥,将基肥的 1/2 铺施地面,深翻,使肥与土充分混匀。按栽培行距开沟,把其余的有机肥,再加上磷酸二铵混合施入沟内,充分与土拌匀,浇水填土起垄。采用(80～100)厘米×(40～50)厘米的大小行栽培,垄高 15 厘米,深 15～20 厘米。在畦中间最好也开灌水沟,畦面铺地膜,在高畦上形成膜下暗灌的形式。

(4)定植。定植时的适宜温度指标是最低气温不低于 5℃,10 厘米地温稳定在 12℃以上。栽苗前 2 天浇小水,以便起苗不散坨。起苗时尽量保全根系,并选茎粗、节短、无病虫害的健壮苗定植。苗不匀时要大小分开栽,以便分别管理。高畦栽培时,畦面按 40～50 厘米行距栽培 2 行,这样就形成了(40～50)厘米×(70～80)厘米的大小行栽培格局,株距为 35～45 厘米。定植密度大小要依据采收期的长短安排和留主枝的多少,以及留果穗数的多少来确定。采收期短,留主枝少,留果穗数少的密度可大些。

(5)田间管理。人参果喜温,但怕高温,栽培期间的温度管理往往因不同季节、不同天气、不同生育期而不同。秋冬茬栽培时由暖变冷,越来越不适应人参果的要求。日平均气温降到 16℃左右时,要扣上塑料薄膜,10℃以下时夜间要加盖草苫和纸被等。温度不能保证时,要采取临时加温措施。冬春茬的前期要特别注意增温和保温。天气变暖后要注意放风,防高温伤害。

土壤肥沃、基肥充足时,坐果前一般不追肥,追肥过早极易造成植株徒长。第一穗果有核桃大小时开始追肥浇水,以促进果实迅速膨大。一般每结 1 穗果就要追 1 次肥。天气暖和后,可顺水冲人粪尿 2 次。在开花结果期间,应多次进行叶面喷肥。进入结果期之后,人参果不断开花结果,对水分的需要量也迅速增加,应增加浇水次数,保持地面湿润。

人参果的发枝力极强,若任其自然生长,会形成强大的株丛,枝条过密通风透光不好,会影响花芽分化和开花结果。搞好植株调整是人参果栽培管理中的一项日常性工作。

(6)果实采收。人参果的幼果浅绿色,当果实膨大到一定程度,表面出现紫色条纹时,果实已达七八成熟,各种营养成分含量达到了最高水平,若做菜熟食,此时可以采收。做蔬菜或水果生食则需要完全成熟。完全成熟时果皮呈金黄色,并有紫色花纹。适时采收有利于上部开花坐果。若有特殊需要时,成熟的果实可在植株上垂挂2～3个月不落,起到吊身保鲜的作用。

(十四)冰糖枣的栽培

冰糖枣又名苹果枣或冬枣等,是一个稀有的晚熟优质鲜食枣良种。近几年国内市场售价较高,出口价更高,并出现脱销现象,市场发展前景广阔。

冰糖枣栽培的技术要点如下:

(1)栽培技术。栽培前根据当地气候条件、地理位置、风向、光照特点确定栽培行向,根据地势、水利条件,以及是专业果园还是枣粮兼作园等来确定行株距。

一般情况下,高密度示范园可按1.5米×0.7米、2米×1米、3米×1米,亩分别栽苗660株、330株、220株;如枣粮兼作,可按4米×2米、5米×1.5米,亩栽苗80株左右,栽培前应施足底肥。

(2)栽后截干。冰糖枣枣苗一般40～60厘米(留3～4个芽眼)截干。截干后,可促进新根发育生长,长势旺,花芽质量好,坐果稳定。经多年试验总结,即使有些苗木存在根系差、失水等问题,通过短截等措施照样能够成活。

(3)水肥管理。株追施一定量的农家肥、果树专用复合肥,每年进行3次追肥,即枣树萌芽期、坐果期及果实膨大期分别追施。追肥在树冠投影外围穴施入,深度约15厘米。5～7月每隔15天左右叶面喷1次磷酸二氢钾。枣树萌芽期、花期和果实膨大期结合追肥各灌1次透水,入冬前灌封冻水。平时视天气情况适当补充水分。

(4)整形与修剪。树形以小冠疏层形为宜,主干高30～40厘米,第一层留1个主枝。层间距离分别为80厘米和70厘米。第一层主枝上不留侧枝,直接着生结果枝组。修剪主要是疏除徒长枝、竞争枝、交叉枝、过密枝、细弱枝和病虫枝,回缩下垂枝。对骨干枝上抽生的一、二年生枣头,留3～5个二次枝短截培养成结果枝组。骨干枝衰产时,及时回缩更新,使骨干枝延长头保持60°～70°角。5～8月份在新生枣头尚未木质化时,保留2～4个二次枝摘心。花期摘心可提高坐果率,7月份摘心可促

进幼果生长,骨干枝长 40～50 厘米摘心可促进加粗生长,生长季节及时抹除骨干枝和树干上萌生的无用枣头,可节省营养,保持冠内通风透光。

(5)提高坐果率。花前 7 天对生长过的枣头枝留 3～5 个二次枝摘心;花期灌水,保持枣树开花的水分需要;成龄大树盛花初期环剥主干,环剥宽度为 3～7 毫米,以环剥后 20～45 天能够愈合为宜;盛花初期喷洒赤霉素等,可以提高冰糖枣坐果率。

(6)病虫害防治。近几年多采用矮化密植栽培,这种方法果园湿度较高、通风透光性较差,易引起红蜘蛛及其他病虫害的发生。要做到预防为主,发生时及时用相关药剂进行防治。冰糖枣抗病性较强,一般常规用药即可确保枣树正常生长,并获得丰收。

(十五)大果榛子的栽培

榛子树是我国珍贵的树种资源。榛果营养丰富、甘美芳香,药用价值很高,是我国出口创汇的传统商品。杂交大果榛子属干果,果仁大,果粒重,口感好,香气浓,具有极高的经济价值,可长年销售,开发前景广阔。

杂交大果榛子的早收丰产栽培技术如下:

(1)定植。每年 4 月份定植,苗木为 2 年生,平均株高 80 厘米,株行距 3 米×3 米,定植株数为 74 株/667 平方米。定植前挖直径 80 厘米、深 60 厘米的穴,每穴施有机肥 15～20 千克,回填 20 厘米的表土,栽后浇水定干,并用地膜覆盖树盘。

(2)土肥水管理。每年施肥 2 次,第一次在 5 月下旬至 6 月上旬,第二次在 7 月上中旬。在株丛(灌丛)下均匀撒施有机肥或化肥,然后浅翻入土。幼龄榛园的追肥,按肥料的有效成分计算,每 667 平方米施氮肥 4 千克,磷肥 8 千克,钾肥 8 千克;成龄榛园每 667 平方米施氮肥 8 千克,磷肥 12 千克,钾肥 4 千克。复合肥(含氮磷钾三元素)全年施用量,1 年生株施 0.1 千克,2 年生 0.15 千克,3～5 年生 0.3～0.5 千克。

灌水可结合施肥进行。新定植的苗木必须及时灌水。发芽后灌 1 次水,以保证当年产量。7 月份以后进入雨季,要注意排水。土壤封冻前灌 1 次封冻水。

(3)整形修剪。杂交榛园采用丛状树形,定植后按不同方向选三四个健壮枝作主枝,对主枝进行中度短截,剪留 1/2。第三年,继续短截已选留主枝的延长枝,形成开心形树冠。内膛枝一般不剪,注意及时除去萌蘖枝。

幼树修剪以扩大树冠为主,调整开张角度。对主侧枝延长枝短截,剪去 1/3。对过长延长枝要中度短截,内膛小枝不剪。

进入结果期后,对主侧枝延长枝短截 1/3～1/2,促发新枝。内膛小枝一般不剪,力求培养成为结果母枝,但弱、病枝及下垂枝要剪除。进入盛果期后,为了减少结果、促进强壮枝生长、恢复树势,应重剪发育枝。在主枝确定后,每年除需繁苗外,要除萌蘖枝二三次。

(4)花果管理。由于榛树为单性花,受栽培条件、气候条件的影响,容易产生雌雄异熟现象,授粉不良。因此,在配置授粉树的基础上,进行人工辅助授粉,可提高坐果率。

榛树为开花早的树种,最易受晚霜危害。如花期遇低温,花期延迟,0℃以下低温雌花易受冻,所以花期要注意防霜冻。

(5)病虫害防治。杂交榛子病害主要是白粉病,虫害主要有榛实象鼻虫、榛褐卷叶蛾、蒙古灰象甲、金龟子等。定植后前 3 年,只有少量病虫发生,每年对症喷药二三次。盛果期每年喷药四五次,并与人工防治相结合。幼虫脱果前及时采收,集中堆放在水泥地面上,幼虫脱果后集中消灭。生长后期视病虫害发生情况,喷洒药液,防治白粉病。

三、各类竹、树栽培

"前人栽树,后人乘凉。"高大挺拔的林木令人心旷神怡,优雅美观的竹林让人赏心悦目。栽培树竹,不仅具有改善环境、美化家园的效能,还能够带来丰厚的经济回报。因此,农民朋友欲增收致富,不妨考虑发展林木、竹类栽培。

(一)红楠树的栽培

红楠是国家三级保护优良珍稀树种,别名红润楠、小楠木,具有很强的观赏性。红楠材质坚硬,纹理美观、细致,是建筑、桥梁、家具、胶合板

等所用之良材。其叶可提制芳香油;种子可榨油用作肥皂和润滑油。

红楠的栽培技术要点如下:

(1)种子采摘。采种宜选择 20 年生以上的优良母树,摇动或震动树枝,待成熟果实脱落,从地上收集成熟果实,当天装入编织袋内揉搓,除去果皮、果肉,置水中淘洗干净,水迹稍干,立即播种。

(2)播种育苗。红楠幼苗喜阴湿,圃地宜选择日照时间短、光照较弱、排灌方便、肥沃湿润的土壤。土质黏重,排水不良,易烂根,土壤干燥缺水,则幼苗生长不良。播种前,种子用 0.5% 的高锰酸钾溶液消毒 2 小时。圃地要施足基肥,整地筑床要细致,一般采用条播,条距 20 厘米左右,沟宽 6~8 厘米、深 2~3 厘米,然后将种子均匀撒入沟内,667 平方米播种 25~30 千克,播后覆盖火土灰 2 厘米,再盖草,以保持苗床湿润。待种粒有 1/3 出苗后,分 2 次揭去盖草,并及时搭棚遮荫,棚的透明度以 30%~40% 为宜。田间管理要精细,及时除草、松土、灌溉、施肥、防治病虫害,后期管理要注意不使幼苗越冬时受冻害。当年苗高 10~12 厘米,次年 2~3 月移栽,667 平方米移植 4~5 万株,移植 1 年生苗高可达 50~60 厘米。

(3)造林及抚育管理。植树造林地以选择低山丘陵、土层深厚、肥沃湿润的山坡、山谷两侧为宜。造林地条件差则生长不良。整地要求细致,一般林地用带状深翻,肥沃林地可穴垦,穴径 50 厘米、深 30 厘米以上。造林时间应选择 1 月中旬至 2 月中旬的阴天或毛毛雨天气为好。选用 2 年生的壮苗造林,尽量做到随起苗随栽植,以防止苗木根系风吹日晒,影响成活率。起苗后应剪去叶片,留叶柄,适当修根,主根长度保留 20 厘米,随即沾泥浆栽植;栽植时,严格做到苗正、根舒、压紧等技术措施,以保证成活。初植密度可适当增加,667 平方米栽 167~200 株为宜。

栽植后易遭杂草压盖而影响成活和生长,因此,须加强抚育管理,抚育主要内容为除草、松土、培土、防治病虫害等,每年至少抚育 2 次,抚育 5~6 年。

(二)杉树的栽培

杉树是节节高的直升乔木。因其耐腐防虫,广泛用于建筑、桥梁、电线杆、造船、家具和工艺制品等方面,遂被称为"万能之木"。杉树生长快,一般只要 10 年就可成材。杉树最适独植、对植,亦宜丛植或群植。

早成材杉树的栽培技术要点如下：

(1)选地。应选择土层深厚、疏松、肥沃、湿润的山脚、谷地、阴坡种植。因为杉树是一种喜温喜湿、怕风怕旱的树种,种植在肥沃、疏松的土壤里,杉树就能速生快长早成材。

(2)炼山开荒。在种杉树前一年的秋冬季节,要开好防火带,进行落青炼山;接着随地势开成倒倾斜的梯带,以提高水土保持;然后按 1.5 米×1.5 米的规格挖成深和宽各 50 厘米的大穴,让土壤充分晒白风化,待春来下雨后回泥种植。

(3)适时种植。春雨后,选取一年生的壮苗种植;种植时间一般在 2 月份,当杉苗的芽苞呈大豆般大小,尚未开放前的雨天抢种。种时把苗木挖起,斩去不整齐的须根,然后用稀黄泥浆浆根,要栽正覆土轻提苗再压实。提苗以利于根系舒展,压实利于吸收水分,易成活。

(4)除草施肥。杉苗成活后的当年夏季,要进行除草,松土施肥 1～2 次,可用稀粪水淋施,然后每年春夏季各施肥一次。1～2 年内应以施用农家肥为好,从第三年起,要根据树势和土壤肥瘦酌量用氮磷钾化肥配合施用。在每次施肥前要进行除草。

(5)切忌修剪。因为杉树是节节高的直生乔木,它的枝条是自下而上交替新陈代谢自然脱落的。杉树若修剪则不易长大,且会因斩树枝而损伤木材,抑制其生长。

(三)中华红叶杨的四季快繁

中华红叶杨又称彩色杨树,叶面颜色三季四变色,因此又被称为变色杨,适宜在全国有杨树的地方种植。红叶杨生长速度快,成材早,抗逆性强,无飞絮,抗病虫害,耐高温、干旱,耐涝,生长不择土壤,生长期延长,观赏性强,因此备受国内外关注。

红叶杨的四季快繁技术要点如下:

(1)无土快繁育苗。无土育苗基质由矿物质和营养物质组成,对人畜和环境安全,富含营养,质地疏松,通气,透水和保水性能好,导热性能优良。常与干净河沙混合均匀,按重量配比为 1:8～1:9,按体积配比为 1:1,河沙要求干净无污染。

苗床位置要阳光充足,取水方便。平整地面后做床,床面宽 120～

130厘米(过宽不便操作),床深10厘米左右,床面四周走道宽40~50厘米。床底铺农膜,防止根系穿过苗床,膜上平铺混合搅拌的育苗基质,厚度为10厘米,然后加足水,用木板条抹平床面后即可进行扦插。

种条剪成3~5厘米长,放入纳米水中反复浸泡,换水进行脱毒、催芽、激活。行距10厘米,株距5厘米,将种苗稍微倾斜扦插在芽眼上。当红叶杨长到5~7厘米高时,浇灌促根剂,浇时切忌碰到叶片。育苗四季均可进行,春、夏、秋无须加温供暖,也能正常生长。

待红叶杨小苗长到10~15厘米高时就可以移栽。如不移栽还可扩大繁育,即在新芽根部留2厘米长剪掉,把剪掉后的新芽继续扦插在苗床上。如此反复可育苗10多次,实现快速扩繁。

(2)扦插育苗。育苗地应选择地势平坦、排水良好、具备灌溉条件和土壤肥沃、疏松的地方。一般犁地在春秋两季进行,以秋季较好,结合犁地,每亩施入充分腐熟农家肥1500~2500千克。翌年3月把地前,每亩再施入钾肥20千克,氮肥10~20千克,硫酸亚铁15千克,或杨树专用复合肥。

多采用低床,南北走向,床宽2米,长10米左右,埂高20厘米,要求做到埂直、床平。此项工作在春季扦插前进行。插穗粗度以0.8~2厘米为宜,长度10~15厘米,上切口距芽1~1.5厘米,下切口距芽0.5厘米。切口要平滑,避免劈裂,注意保护芽体不被损坏。

插穗在扦插前用流水或容器浸泡。硬枝扦插多在春季进行,宜早,一般在腋芽萌动前;也可秋插,秋插在土壤冻结前进行。有直插和斜插两种,以直插为佳。扦插深度以地上部露出1个芽为宜。秋季扦插时,要给插穗上面覆土或覆膜。

(3)嫁接育苗。一般春季嫁接成活率最高。每年3、4月(5月下旬至7月也可),取芽眼饱满的接穗,用带木质部的芽眼进行嵌芽接,没用完的接穗要及时用湿沙贮藏于阴凉通风处备用。秋季芽接成活后,因生长期较短,可"闷芽"越冬至翌年。第二年芽萌发前剪去上部的砧木,进行正常管护。不论采取哪种方法,都要求接穗枝条健壮、芽体饱满、无病虫害。嫁接操作要避开雨天,防止雨水渗入影响成活。

嫁接后,砧木嫁接口下部的芽常会萌发,必须经常检查,及时清除萌蘖,以免影响接芽生长。嫁接3周后,要检查接穗是否成活,未成活的应及时补接。

成活后,及时将绑条割断,以免出现缢痕影响生长。当嫁接苗木长至 20 厘米时,应及时进行绑扶,以防被风吹断。

(四)泡桐树的栽培

泡桐属于落叶乔木,是我国的特产树种。泡桐具有生长快、分布广、材质好、用途多等优点。泡桐木材可用作胶合板、拼板、集成材等最优良板材,其保温、隔热、绝缘和共振性能都非常好,是优良的弦乐器用材。

该树种的栽培技术要点如下:

(1)选择良种。通常所说的泡桐实际是泡桐属的总称,该属共有 9 种。适宜在南方生长的种是白花泡桐或以白花泡桐为亲本的杂交种。

(2)埋根育苗。育苗地选在背风向阳、以沙壤土或壤土为主的圃地,做高 15～20 厘米的高垄苗床,选用 1～2 年生苗根,以直埋根为好,埋根株行距以 1 米×0.8 米或 1 米×1 米为宜,施足基肥,在 6～8 月生长旺盛期追施速效化肥,促使其生长。

(3)造林。四旁造林要求挖大穴、施足基肥,山地造林要求带状梯田整地,松土层厚度 50～70 厘米,并施足基肥,以促进提高造林当年高生长为目的。以林为主的造林密度为 5 米×5 米,每亩 26 株;林粮并重的造林密度为 5 米×10 米,每亩 13 株;以粮为主的造林密度为 4 米×30 米,每亩 6 株。

(五)银杏的实用嫁接技术

银杏树体高大、树干通直、姿态优美、春夏翠绿、深秋金黄,是理想的园林绿化、行道树种,可用作园林绿化、行道、公路、田间林网、防风林带的理想栽培树种。此外银杏亦是中国特有而丰富的经济植物资源,可加工生产保健食品、药物和化妆品等。

银杏的嫁接技术要点如下:

(1)嫁接时间。从早春解冻至砧木发芽的这段时间内可进行春季嫁接。夏季嫁接一般在 6 月中旬至 8 月底进行,但以 6 月中旬至 7 月中旬成活率最高。秋季嫁接时间一般从 9 月中旬至 10 月上旬进行,且多用于长江以南冬暖地区,嫁接时注意接口蜡封,以尽可能减少水分散失,并能提高成活率。

(2)接穗的选择及保存。接穗应选粗度为 0.6～1.3 厘米且枝条强

健、接芽饱满的枝条。以结果为主的接穗,其标准为早果性好、丰产性高、产量稳定、种核大而美、种皮薄而白、出仁率高、母树抗逆性能良好等指标。对雄株的优选标准是开花晚而花期长、穗长蕊多、花蕾饱满、花量稳定、树势强健等指标。以采叶为主的接穗,宜选发芽早落叶晚、叶片宽大、叶质肥厚、叶色深绿、干物质比率大、含药用成分高等指标。接穗保存是否良好,直接关系到嫁接的成活率。有条件的情况下最好随采随用。确需调运,应竭力防止高温闷芽,将气温控制在10℃左右,并给以较好的湿度,且通风良好。

（3）常用的嫁接方法

①劈接。劈接操作简便,春、夏、秋三季都可应用。首先在接穗底芽下0.50厘米处两侧用利刀各削1刀,削面呈楔形,有芽的一侧稍厚些,长3~4厘米,削面光滑平整。选好嫁接部位,将砧木剪断或锯开,削平切口,在树皮较光滑的一面通过砧木髓心向下深切1刀,切口长度较接穗削面稍长。用左手拇指靠在切口上并紧握砧木,右手持接穗慢慢插入砧木的切口之中,此时拇指应跟着接穗逐渐向下滑动,使接穗和砧木的形成层紧密吻合。选用同砧木切口宽度相当的薄塑膜带,先在接口上绕两周,把接口扎紧,然后封闭上口。将插口处全部封闭后再向下绕绑,环环相扣,一直绕过切缝。

②切接。切接的接穗由两刀削成。一刀为长削面,一刀为短削面。长削面一种削法是在接穗底芽背面0.5厘米处用利刀削长3厘米的削面;另一种削法是先把刀以300°角向内下刀至接穗粗度1/3~2/5处,再将刀口垂直平削,长度亦为3厘米。短削面则在接穗底芽之下削0.8~1厘米长的短削面。在砧木上选适当嫁接部位截干,削平截口,选树皮较平滑的一侧,从上截口垂直向下切一刀,长度与接穗削面长度大致相等,将接穗插入切口,长削面贴紧砧木木质部,短削面向外。确保长削面两边的形成层与砧木切口两边的形成层对准、靠紧。最后按照劈接的方式绑扎。

③腹接。腹接又称"腰接",系不剪砧枝接法,多用于银杏大树嫁接授粉雄枝或填补树冠残缺。首先在接穗下端削一长2~2.5厘米的长削面,短部深达穗粗的2/3,再于背面削一较长削面短0.5厘米的短削面。选砧木嫁接部位切一平斜切口,深达木质部的1/3,长度与削面相等。插入时应将一侧的形成层对准、密接。然后用塑料条绑扎,成活后剪砧。

④双舌接。在接穗底芽背面削一长约 3 厘米的斜面,在斜面底端再由下部 1/3 处向上劈一长约 1 厘米的切口,呈舌状。在砧木的适当部位剪截,然后在一侧也削成 3 厘米长的斜面,再从斜面顶端由上向下约 1/3 处向下劈一长约 1 厘米的切口,呈舌状,使砧、穗两个斜面舌位能相互对应、咬合。将接穗劈口向下插入砧木的劈口,使砧、穗的舌片交叉,对准形成层相互咬紧,再行绑扎。

⑤擦皮接。在底芽下部的背面 0.50 厘米处向下削长 3~4 厘米的斜面,在另一面下端削长 0.50 厘米的斜面,同时在短斜面两侧再各轻削 1 刀,形成尖顶状,然后在长斜面两侧也各轻削 1 刀,做到仅削去皮层,露出形成层部分。选砧木适当部位,锯开并削平锯口,选择皮层较光滑的一面,在剪口处纵切 1 刀,深达木质部。同时在刀缝处将皮两侧挑开即可。把接穗的长削面对向砧木的木质部向下轻轻插入,接穗上部稍露白。砧木较粗时可根据砧木粗细决定嫁接接穗的多少。绑扎时,可事先准备些吸水软纸和塑料薄膜,先将软纸和塑料薄膜划开并套向接穗,紧紧包在嫁接部位,包好后扎紧。为防止接穗松动,可加绑固定拉线。

(4)嫁接后的管理。由于银杏嫁接后愈合时间较长,即使表面愈合,接口处仍可出现开裂现象。因此,松绑时间宁晚勿早,最好在嫁接 3~4 个月之后再考虑松绑。为防止抽生新枝角度增大,采用绿枝嫁接的应在次年春天发芽前松绑。

砧木嫁接后,由于生长受到抑制,很容易在砧干上生出大量萌蘖,应视不同情况采取相应的除蘖方法:嫁接高度在砧木 1 米以下时,可在接芽抽生的新梢达 10 厘米以上时彻底清除砧木上的全部枝叶;嫁接高度在砧木 1.5 米以上时,接芽新梢达 10 厘米以上时可疏除接口下 20~30 厘米范围内的枝叶,其下 10~20 厘米处的枝叶可进行摘心。但主干上直接生出的叶片应全部保留,在接后 2~3 年内,再将萌条逐步疏除。

一般如春季应用腹接和芽接法嫁接的,应在嫁接之后立即剪砧;夏季应用腹接和芽接法嫁接的,可在次年春季接芽萌动前进行剪砧。剪砧的部位应选择在接芽以上 0.5 厘米处。在干旱少雨地区,剪砧可分春夏两次进行,剪口采用蜡封,以防止出现抽干,影响嫁接成活率。

由于新梢生长快、枝条嫩、接口愈合还不十分牢固,嫁接后萌生的枝条极易被风折断。可设立支柱,用绳以 8 字扣缚梢,待新梢坚实后再除去支柱。

(六)茶梨的栽培

茶梨,别名红香树、红楣、猪头果,属山茶科常绿乔木。树形美观,通直圆满,枝叶繁茂,果形奇特。其树皮、树叶可药用,是一个极有发展前景的用材、药用、观赏树种。

茶梨的栽培技术要点如下:

(1)采种。茶梨果实 10 月下旬至 11 月上旬成熟,浆果状蒴果由黄绿色转黄褐色、上部微裂、假种皮变红色、种仁饱满时,就及时采集。果实采回后,置通风室内,晾摊 2～3 天,完成后熟,拿到室外水泥地上,用脚踩踏。将果壳踩开,取出种子,放在清水中浸泡 24 小时。搓去红色假种皮,漂去空子粒,捞出晾干 2～3 天,随采随播或润沙贮藏。种子贮藏注意沙子不要太湿,以免烂种。

(2)选好圃地。苗圃地应选择排水良好、灌溉方便、深厚肥沃湿润之地。整地方法同常规育苗,每亩施过磷酸钙 100 千克、优质复合肥 100 千克、厩肥 200 千克、呋喃丹 5 千克,拌匀后结合整地,放入苗床。圃地要深耕细整,土块细碎。

(3)播种育苗。播种可分冬播和春播,冬播即种子处理后,用 0.5%的高锰酸钾溶液消毒 30 分钟,然后用清水洗干净,即可播种。春播为 3～4 月,种子经过贮藏后进行润沙催芽,有部分破胸吐白时,即可播种,可提早出苗,节约用工。

(4)播种方法。常采用条播,条距 20～25 厘米,沟深 4～5 厘米,沟内垫一层 2～3 厘米的黄心土,再将种子均匀播入沟内,用黄心土盖种,厚度以不见种子为度,并覆盖稻草保湿。

(5)适时遮阳。茶梨幼苗喜阴怕日灼,在适当遮阳条件下,苗木生长迅速,一年生苗高可达 40～50 厘米。幼苗出土后,气温开始上升,要于 4 月底至 5 月初,搭上高 1.8 米的棚架,上盖遮光度为 60%的遮阳网,以利于苗木生长。

(6)中耕除草。茶梨喜深厚疏松的土壤,圃地要勤中耕除草,保持土壤疏松。同时也要注意排除渍水,防止根腐。

(7)勤施肥。茶梨须根发达,叶片大,需肥量大,因此要勤施肥。5～6 月展叶期,每半月要施 1 次尿素水;7 月结合抗旱追肥;8～9 月为苗木生长高峰期,要施 1~2 次人粪尿;9 月下旬停止施肥。

(8)病虫害防治。病害有根腐与日灼,根腐是高温高湿引起的,防治方法是排除渍水,并用 1% 的青矾溶液淋蔸,15 分钟后用清水洗苗,以免发生药害。日灼要及时遮阳,在发病初期连续喷 2 次 0.125% 托布津,防治效果好。虫害有地老虎和金龟子幼虫危害地上、地下部位,可用 0.125% 的氧化乐果淋蔸,或早晨、傍晚人工捕捉。

(七)凤尾竹的种植

凤尾竹原产于我国广东、广西、四川、福建等地,各地均可栽种。凤尾竹喜向阳高爽之地,有"向阳则茂,宜种高台"之说;但也能耐阴,可作为室内观叶赏姿的理想装饰。

凤尾竹的栽培技术要点如下:

(1)选择适宜的栽培季节。栽培最宜在 3 月间进行,此时母竹发芽率高,最易成活。

(2)选择理想的母竹。母竹应生长健壮、无病虫害、茎秆芽眼肥大、须根发达,竹龄以一两年生为佳。

(3)及时栽植。如确需长途运输,应先放于阴凉避风处浇水保湿,包装时妥善处理,防止损伤根眼及振落宿土。

(4)施足底肥。选择松软细土先填于穴底,后施入腐熟厩肥,与表土拌匀,将母竹放下,分层盖土压。覆土比母竹原着土略深 2~3 厘米。

(5)浇足定根水。栽后及时浇水,第一次务必浇透,以后适量减少水量,见湿见干即可。

(八)毛竹丰产林的营造

毛竹生长快、成材早、产量高、用途广,一次造林,只要经营合理,就可永续利用。毛竹造林是造福子孙的百年事业。

毛竹丰产林营造的技术要点如下:

(1)造林地的选择。毛竹适宜在温暖、湿润、年平均气温 15℃~20℃、1 月份平均气温 4℃~8℃、年降雨量在 1200 毫米以上的气候条件下生长,喜土层深厚(80 厘米以上)、腐殖质层在 25 厘米以上、酸性至中性的沙壤土,地下水位要求在 1 米以下。毛竹造林最好选择在海拔 800 米以下的山谷、山麓和山腰中下部,背风半阴坡或半阳坡的缓坡地段。

(2)林地的整理。在造林前的秋冬季节进行整地,整地有全垦整地、带状整地和块状整地。坡角 20°以下的可实行全垦,深 30 厘米左右,清除树根、石块、树蔸等;坡角在 20°~30°的,采用带状整地,沿等高线水平带状开垦,带宽、带距 2~3 米;坡角大于 30°的地方,按造林密度和株行距定点开垦。栽植穴长 80~100 厘米、宽 60~80 厘米、深 45~55 厘米。

(3)造林的密度。毛竹造林如密度大,则成材早,但投入大;毛竹造林若密度小,则投入少,但成材慢。通常母竹移栽造林密度为每 667 平方米 22~60 株。

(4)造林的季节。在毛竹休眠的冬季和春季进行,即 11 月至第二年 2 月。

(5)母竹移栽造林方法。母竹应选择 1~2 年生、胸径 4~7 厘米、分枝低矮、枝叶茂盛、生长正常、无病虫的健壮立竹。挖母竹时首先应判别竹鞭走向,然后在离母竹基部 30 厘米以外开挖,找到竹鞭,留下鞭长 20~30 厘米,去鞭长 30~40 厘米。面对母竹,锄口向外,切断竹鞭,防止撕裂,使切口平滑。多带宿土,掘起母竹。挖掘时注意不要伤芽、伤鞭和伤根,不要摇晃竹竿。用刀削去竹梢,留枝 4~7 盘,运输途中防止损伤,注意保湿,就近造林。

栽竹要做到深挖穴、浅栽竹、不壅紧(土)、上松盖(土)。母竹运到造林地后,立即栽植。先用表土垫底 10~15 厘米,使鞭根舒展,分层踏实。然后使鞭根与土壤密接,覆土比原母竹入土深 3~5 厘米,浇上"定蔸水",培成"馒头形",开好排水沟。风大的地方应进行支撑。

(6)幼林的抚育。套种豆类、绿肥、油菜、花生等,实现以短养长,以耕代抚。冬季施有机肥,夏季施化肥。严禁在幼林中放牧,并做好病虫害的防治工作。

(7)及时防治病虫。毛竹的主要病害是丛枝病,其主要病原是子囊菌孢,应结合采伐开展病原清理,优先砍除 5 级以上病竹和弱小老竹,并清除病枝叶,防止病原的扩散蔓延。用竹康乳油防治,每竹注射乳油 4~6 毫升,稀释 2~3 倍后注射。每年施药 2 次,3 月上旬在春梢萌动初期、病原菌子实体形成前进行第一次施药,5 月底、6 月初新竹枝叶展开后进行第二次施药。

第 五 章

农民农产品加工致富指南

一、水果蔬菜类加工

水果富含维生素、矿物质及微量元素,蔬菜中含有丰富的维生素、植物纤维和植物蛋白等营养物质,它们是人们日常食谱上相当重要的成员。水果和蔬菜一般保鲜期非常短暂,对水果和蔬菜进行深加工在延长了果蔬的生命周期的同时,还可以有效解决因鲜果蔬生产过剩而难卖、难储存的问题。因此,农民朋友发展水果、蔬菜加工项目大有可为。

(一)冬瓜果脯的加工

冬瓜在我国南北各地均有栽培。冬瓜果脯亦称冬瓜糖,是一种色泽洁白、味道清甜可口的食品。

冬瓜果脯的加工方法与技术要点如下:

(1)备料。制作冬瓜果脯的原料及用量如下:鲜冬瓜条 10 千克、白砂糖 8 千克、生石灰 80 克、亚硫酸氢钠适量。削去冬瓜青皮,剖开除去瓜瓤、种子,切成瓜条,投入石灰乳中没过瓜条浸渍 24 小时,其间翻动几次。捞出用清水漂洗 2~4 小时,除去瓜条表面石灰,捞起沥干水分。

(2)糖煮。先取 3 千克砂糖与瓜料拌匀煮 24 小时,移入不锈钢隔层锅加热煮制,并分次加入余下的 5 千克白砂糖,煮至糖液滴入冷水中成块不散、瓜条透糖明显时为止。连同糖液一起倒入大冷盆中抛霜,至糖霜布满瓜条,摊放在竹箕中。

(3)干燥。把抛霜后的瓜条移入烘房,在 55℃下干燥 2~3 小时,干燥后筛去碎糖,待完全散热后包装即得成品。

(二)南瓜的加工

南瓜不仅好吃,而且营养价值高。南瓜对糖尿病、高血压、动脉粥样硬化、肝炎、肝硬化、肾炎、前列腺炎等疾病有很好的防治效果。

几种常见保健南瓜的加工方法和技术要点如下:

(1)保健南瓜酒。将南瓜切成片、丁或丝状;除去表面的水分,在 40℃~80℃恒温罐内放一定时间;将红米洗净,在 90℃~100℃恒温罐内放一定时间;取出南瓜和红米,放入 0℃~20℃的冷却罐内冷却;加入植物酒药,放入发酵罐发酵;将发酵后的南瓜和红米混合物过滤取汁;再加入适量蜂蜜和水,罐装、灭菌即可。

(2)低糖南瓜酱。选择成熟的南瓜50千克洗净,去皮、蒂,切成小块,上锅蒸熟,再用打浆机将其打成南瓜浆。准备海藻酸钠250克、柠檬酸300克。浆液入锅,加热将水分蒸发浓缩,同时加入海藻酸钠,稍后加柠檬酸调pH值至3.5,继续浓缩至可溶性固形物在55％以上时出锅。将瓶、盖消毒后,趁热装罐,灌装时温度应高于65℃。加盖密封后,用沸水杀菌20分钟即为成品。

(3)保健南瓜粉。选择成熟、色泽金黄的南瓜清洗、去蒂、切片、浸泡、晾晒。把晒干洗净的南瓜片放入烘箱,在80℃左右的温度下进行干燥。待烘干后,将其冷却,并放入消过毒的粉碎机中粉碎成粉状。再把粉碎后的南瓜粉过筛网。最后,在干燥处进行密封包装。

(4)南瓜肉汁。把清洗后的南瓜去皮、去子,用打碎机打碎,然后加热至90℃,保持5～10分钟,使之软化,再经打浆机打浆。用30％～50％的南瓜浆加蛋白糖、水及其他添加剂,送入均质机中进行均质处理,使南瓜浆进一步细化均匀,最后用真空泵脱气10分钟,杀菌装罐。

(三)草莓的加工

草莓是一种高档水果,果实柔软多汁、香味浓郁、营养丰富,深受国内外消费者的喜爱。将草莓开发加工成草莓食品,不仅可缓解鲜销压力,避免霉烂损失,还能满足不同消费者的需求。

不同草莓产品的加工方法与技术要点如下:

(1)草莓罐头。选择八成熟、个大整齐、色艳、风味浓的新鲜草莓果实,将其清洗干净,放入沸水中浸烫至果肉软而不烂,捞起沥去水分,趁热装入干净的瓶罐内。500克瓶装果300克,加入60℃的填充液(填充液按水75千克、白砂糖25千克、柠檬酸200克比例配成,经煮沸过滤而成)200克,距瓶口留1厘米空隙。装瓶后趁热排气,并将瓶盖和密封胶圈煮沸5分钟,封瓶后在沸水中煮10分钟进行杀菌,取出后擦干表面水分,在10℃的库房内贮存7天上市。

(2)草莓汁。选择充分成熟的草莓,清洗干净后放入榨汁机中分离汁液,倒入不锈钢锅中,加入少量水进行加热升温,煮沸后迅速熄火降

温,5～6分钟后,用3～4层纱布过滤,并用器具协助将汁挤压尽。再按每千克滤液加入白砂糖300～400克、柠檬酸2克,搅拌均匀后,将果汁装入无菌的瓶中,加盖密封好,再放入85℃的热水中灭菌20分钟,取出后自然冷却24小时,经检验符合饮料食品卫生标准后,即可装箱入库。

(3)草莓酱。挑选芳香味浓、果胶果酸含量高、果面呈浅红色、八成熟的草莓,将果实清洗干净,同时拧去果柄,去净萼片,剔除杂质,按草莓10千克、水2.5千克、白砂糖10千克、柠檬酸30克的配比备料。将草莓和水放入锅内,加入白砂糖50%,升温加热使其充分软化。搅拌1次,再加入剩下的50%白砂糖和全部柠檬酸,继续加热煮沸,不断搅动,待酱色呈紫红或红褐色且有光泽、颜色均匀一致时,即出锅冷却,按定量装瓶。

(4)草莓醋。将残次草莓果实用水冲洗干净,倒入锅内加少量水,慢火熬煮成糊状。将其晾凉后倒入缸内,加入适量发酵粉,再将容器密封,令其自然发酵5～7天,待上层出现一层红褐色的溶液时,过滤,取其澄清液,即得草莓醋。

(5)草莓脯。选择汁液较少、八成熟的草莓,在流动的水中浸泡3～5分钟,去掉萼片、果柄。洗净后放入0.3%～0.5%的钙盐及亚硫酸盐溶液中浸泡35小时,用清水漂洗、沥干水。按50千克草莓、30千克糖的比例,分层将草莓糖渍24小时后,滤出糖液。先将20千克糖加入适量的清水,入锅加热煮沸,再倒入糖渍过的草莓,一起入缸浸泡24～28小时。然后将浸泡好的草莓连同糖液加热到180℃,将草莓捞出,沥去糖液,烘烤。当含水量降至18%时,取出适当回潮。用食品塑料袋密封包装,即为成品。

(四)柑橘汁的制作

柑橘芳香味美,极富营养价值,可鲜食,还可加工为柑橘浓缩汁、柑橘果汁、柑橘果醋、柑橘白兰地等饮料。

柑橘汁加工方法与技术要点如下:

(1)压榨。甜橙、柠檬、葡萄柚严格分级后用压榨机和榨汁机取汁,宽皮柑橘可用螺旋压榨机、刮板式打浆机及榨特殊压榨机取汁。

(2)过滤。果汁经0.3毫米筛孔过滤机过滤,要求果汁含果浆为3%～5%。果浆太少,色泽浅,风味平淡;果浆太多,则浓缩时会产生焦煳味。

（3）调整均质。过滤后的果汁按成品标准调整，一般可溶性固形物为 13％～17％，含酸 0.8％～1.2％。均质是柑橘汁的必需工艺，高压均质机要求在 10～20 兆帕下完成。

（4）脱气去油。柑橘汁经脱气后应保持精油含量在 0.15％～0.25％，脱油和脱气可在同一设备中进行。

（5）巴氏杀菌。进行巴氏杀菌要求在 15～20 秒内升温至 93℃～95℃，保持 15～20 秒后，降温至 90℃，趁热保温在 85℃以上灌装于预先消毒的容器中，以降低微生物含量和钝化酶活性。

（6）灌装、冷却。柑橘原汁可装于马口铁罐中，它具有价格低廉和防止产品变黑的功能。装罐（瓶）后的产品应迅速冷却至 38℃。

（五）话梅的加工

话梅是一种广为人们喜爱的小零食，具有酸甜可口、解渴开胃的功效。话梅属于糖制品，糖制品要做到较长时间的保藏，必须使制品的含糖量达到一定的浓度。

话梅的加工方法与技术要点如下：

（1）制作梅坯。选用八至九成熟的新鲜果梅，每 100 千克梅加 16～18 千克食盐、1.2～2 千克明矾进行盐腌，在缸内腌制 10 天左右，每隔 2 天翻动一次，使盐分渗透均匀。待梅果腌透后，捞出晒干制成梅坯。

（2）清洗脱盐。将梅坯在清水中漂洗脱盐，充分洗脱，待脱去 50％的盐分后，捞起沥水，干燥至水分减少 50％。

（3）甘草糖浆制备。取甘草 3 千克、肉桂 0.2 千克，加水 60 升煮沸浓缩至 50 千克。经澄清过滤，取浓缩汁的一半，加糖 20 千克、糖精钠 100 克，溶解成甘草糖浆。

（4）加料腌渍。取脱盐梅坯 100 千克置于缸中，加入热甘草糖浆，腌渍 12 小时，其间经常上下翻拌，使梅坯充分吸收甘草糖液。然后捞出晒至半干。在原缸中，加进 3～5 千克糖、10 克糖精钠以及原先留下的甘草浓缩汁。调匀煮沸，将半干的梅坯入缸，再腌 10～12 小时。

（5）干燥。待梅坯吸干料液后，取出晒干。包装前喷以香草香精。

（六）枇杷脯的加工

枇杷果肉柔软多汁、酸甜适度、味道鲜美，被誉为"果中之皇"，而且

有很高的保健价值。

枇杷脯的加工方法与技术要点如下：

(1)选料、清洗。选用成熟度偏低的果实。用1‰的食盐水或用高锰酸钾溶液洗涤，然后用清水冲洗。

(2)去皮、去核。去皮、去核的同时，挖去有病虫害和带有损伤的果肉。

(3)硬化、糖渍。用15％～20％石灰水或0.1％的氯化钙液浸泡，浸泡10小时左右；如果果肉上浮，可用竹帘等物按压。浸后用清水漂洗2～3次。每100千克果肉用砂糖50千克，用少量水加热溶解砂糖，倒入果肉拌匀，糖渍1天。

(4)糖煮。果肉连同糖液一同倒入夹层锅内，加热煮沸。再按每100千克果肉加入砂糖30千克的比例，用旺火煮沸30分钟左右起锅。糖渍1天后，果肉再次连同糖液一同倒入夹层锅中煮沸，再添加30千克砂糖，煮约30分钟。

(5)烘干包装。起锅后，将果肉铺放在竹帘上，在阳光下晒干，或放在烘盘上，送入烘房，在60℃条件下烘20～30小时。待果脯表面不粘手时用塑料薄膜包装，即为成品。

(七)酒枣的加工

酒枣亦称醉枣，是我国的传统食品。酒枣不仅保持了鲜枣的色、形，而且枣香、酒香相融，清醇芬芳，甘甜酥脆，风味独特。

酒枣的加工技术要点如下：

(1)原料的选择。选择成熟、无病虫、无损伤、无裂纹、新鲜的红枣，洗净晾干后备用。一般个大、果形整齐、肉质疏松者加工成的酒枣质量较好。需要注意的是要选适宜做酒枣的品种，如赞皇大枣、晋枣、骏枣等品种，而婆枣、胎里红等品种适宜干制，不宜加工成酒枣。

(2)原料的配方。鲜枣100千克，60～65度粮食白酒10千克(约耗酒5千克)。

(3)加工时间。一般选择鲜枣松脆多汁、甘甜微酸的脆熟期为适宜加工时期，以9月上旬至中旬这段时间为最佳。

(4)加工过程。把洗干净的枣分层装置于阔口容器，如坛、缸、罐、瓮及玻璃瓶或塑料食品袋内,然后将准备好的粮食白酒轻轻倒入容器内,将口密封,最后将枣罐置于阴凉干燥处储藏。过一月后便可食用。

(八)笋干的加工

竹笋的种类繁多,大致可分为冬笋、春笋、鞭笋三类。笋干是我国的传统产品,以毛笋、红壳笋、京竹笋等为原料,经蒸煮、漂洗、干燥而成。原料来源广泛,生产方法简单,可家庭生产。制成的笋干耐储藏,风味佳。

笋干的加工技术要点如下:

(1)蒸煮。也称杀青。其目的是用高温杀死笋肉的活细胞,破坏酶的活性,防止竹笋老化。在杀青以前需去箨整形。先用刀切去笋尖,再自尖端沿笋体侧削一刀,深达笋肉,然后把刀口插入箨肉连接处,左手扶笋,右手持刀往侧方用力按下,笋箨即松散脱离,最后削去蒲头,修光根芽点。

先在淘锅内注入 1/3 左右清水,点火烧煮沸后,将较短的笋横放在锅内,较长的笋可将蒲头向下直插空隙处。放入锅内的笋以略高于淘口 10～13 厘米为宜。上加锅盖,锅底垫篾圈。蒸煮时宜用猛火煮 2～3 小时,待水再沸腾出淘口时,说明笋已煮熟。

(2)漂洗。将出锅的笋放入木桶中漂洗,经水漂洗后捞起,用笋钎从笋尖戳到笋基,把笋节戳穿,让内部热气渗出。然后转入第二只桶内冷却,再放入第三只桶内,使其冷却一夜。务必使竹笋凉透,否则带热上榨易发酵霉烂。

(3)上榨。将较次的笋身靠圈板,沿板四周先放一圈,或只放两侧,在笋圈内再放笋。第一层笋蒲头向圈,笋尖向内;第二层笋蒲头向内,笋尖朝圈,恰好第二层压住第一层,笋身重叠放满一圈,再放下一圈,方法如前。笋经压榨后不久就落榨。

(4)干燥。笋干干燥过程必须严格管理,因为它直接影响成品的质量与商品价值。干燥方法有晒干和烘干两种,操作方法各有不同。

(九)蕨菜的加工

蕨菜又名龙爪菜,是山中生长的一种野菜,被誉为"山菜之王""绿色食品",是我国对日本等国出口的大宗畅销果蔬食品之一。

蕨菜常用的 3 种加工方法如下:

（1）腌渍法。腌渍所用容器以陶、瓷或玻璃器皿为佳。将当日采收的鲜蕨菜洗净泥土,切去硬化部分,并沥干明水。然后按色泽和采摘期长短分级,用洁净稻草捆成直径5厘米左右的小把,即可盐渍加工。

先在缸底撒上2厘米厚的盐,再按一层蕨菜一层盐整齐排放,用盐量逐层适量增加,缸满后在最上面覆盖一层厚厚的盐,用木盖盖好,上压重石,用盐量为蕨菜重量的30%。10天左右倒缸,将蕨菜取出,从上到下依次摆放到另一个容器内再进行腌渍。进行第二次腌渍,用盐量为蕨菜的5%,一层盐一层蕨菜放入另一个缸内腌制,最上一层还是要多放一些盐。最后注入22%浓度的过滤盐水至满缸,上压重石。10~15天后开缸检查,腌渍的蕨菜用手抓时有柔软感,颜色接近新鲜为好,随后转入后熟。

为了提高产品感官质量标准,增加护绿与保脆措施相当重要。护绿方法是在盐溶液中加入氯化钙。

（2）干制法。将当日采回的新鲜蕨菜,洗净泥土,切去硬梗,放在沸水中烫10分钟左右,捞出沥干水,放在阳光下晾晒,外皮开始干时用手搓揉2~3次,一般3天即可晒干。最后捆成100克重的小把,用衬有防潮纸的纸箱或塑料袋包装即可。

（3）速冻法。原料在醋酸铜沸水中热烫1~2分钟后立即用5℃的清水冲洗,使之冷却到10℃以下。甩干或沥干明水,用聚乙烯袋包装,放入－30℃以下的速冻机中冻结至中心温度为－18℃。用纸箱包装,迅速转入－18℃的环境中贮藏。

二、粮油类加工

粮油作物是人们日常生活所需能量的基本来源。粮油作物的深加工突破了原粮在制作和销售上的很多局限,大大提高了粮食的经济价值,同时也为农民朋友提供了一些致富的门路。

（一）大米豆腐的加工

经筛选后的残次碎大米,往往因为蒸煮的米饭不如精大米好吃,因而被人们弃置,或者当作饲料。如果以碎大米为原料,将其加工成豆腐,其质量、口感能与黄豆豆腐媲美。1 千克大米可以加工出 6～7 千克米豆腐,价值可成倍增长,技术容易掌握,是一个本小利大的家庭致富门路。

大米豆腐的加工方法和技术要点如下:

(1)淘洗浸泡。制作大米豆腐的主要原料是碎大米和石灰粉。浸泡前要除净米中的杂物,将米淘洗干净,然后放入盛器中加水至漫过米 3.3 厘米左右为宜。将一定量的石灰溶浆倒入米中搅拌均匀。浸泡时间一般为 3～5 小时,泡到米变成浅黄色为好。

(2)清洗磨浆。待大米浸泡成浅黄色时,过滤出大米,用清水洗净,直到水清为止。再加 2 倍量的清水,带水用石磨磨成米浆。

(3)煮熟米浆。在洗干净的铁锅中,按每千克碎大米加 2 千克清水的比例,加入定量的清水,然后加进磨好的全部米浆,搅拌后用大火烧煮,煮浆时要一边煮一边搅动。开始用大火煮,煮到半熟时用小火,边煮边搅,直到煮熟为止,一般需要 15 分钟。

(4)凝固定型。煮熟的米浆变成糊状,趁热倒入预先准备好的盛器内,如已垫一层白布的模具中,一般米豆腐以 3.3 厘米厚为宜,装时要厚薄均匀。自然冷却至凝固定型。

(二)小米锅巴的生产

锅巴是一种休闲小食品,香酥可口,营养健康,易于保存,即开即食,是个人消费、招待亲友的佳品。小米锅巴含有碳水化合物,脂肪,蛋白质,维生素 A、B 族维生素及钙、钾、铁、镁等矿物质,营养丰富,香脆可口。

小米锅巴的生产技术要点如下:

(1)选料和配方。原辅料:小米 90 千克、淀粉 10 千克、奶粉 2 千克。调味料有以下 3 种参考配方:海鲜味:味精 20%、花椒粉 2%、盐 78%。麻辣味:辣椒粉 30%、胡椒粉 4%、味精 3%、五香粉 13%、精盐 50%。孜然味:盐 60%、花椒粉 9%、孜然 28%、姜粉 3%。

(2)原料的初加工。先将小米磨成粉,再将粉料按配方在搅拌机内充分混合。在混合时要边搅拌边喷水,可根据实际情况加大约 30% 的水。在加水时应缓慢加入,使其混合均匀成松散的湿粉。

(3)原料的膨化处理。先配些水分较多的米粉放入机器中,再开动机器,使湿料不膨化,容易通过出口。机器运转正常后,将混合好的物料

放入螺旋膨化机内进行膨化。要求出料呈半膨化状态,有弹性和熟面颜色,并有均匀小孔。

(4)晾干切段。将膨化出来的半成品晾几分钟,然后用刀切成所需要的长度。

(5)油炸。在油炸锅内装油加热,当油温为130℃~140℃时,放入切好的半成品,下锅后将料打散,几分钟后打料有响声便可出锅。

(6)调味及包装。炸好的锅巴出锅后,应趁热一边搅拌,一边加入各种调味料,使调味料能均匀地撒在锅巴表面上。冷却后,称量包装即为成品。

(三)玉米榨油

玉米中的维生素含量非常高,为稻米、小麦的5~10倍。同时,玉米中除了含有碳水化合物、蛋白质、脂肪、胡萝卜素外,还含有核黄素等营养物质,这些物质对预防心脏病、癌症等疾病有很大的益处。玉米油就是通过技术手段从玉米中提取出的各种营养物质的精华。

玉米榨油的操作技术要点如下:

(1)提胚。提胚是榨油的关键环节之一,根据玉米胚和胚乳抗粉碎能力不同,先用压轧设备轧碎胚乳,再用筛理设备筛出玉米胚。一般玉米可提取玉米胚4%~8%,要求提出的胚芽含水少、纯度高、无杂质、无霉变。

(2)除杂。榨前要彻底清理原料,除去杂质,可用振动筛提纯,以除净胚芽中的渣、粉等杂质,提高胚芽纯度。

(3)干燥。刚提取的玉米胚芽,含水量在13%左右,因此,在压榨前要进行适当烘炒干燥,将胚芽水分降到9%以下,以增加压榨效果。

(4)压榨。入榨时要保证料饼温度在100℃左右,以便于出油。玉米胚芽含油量高,可采用两次压榨法,即在第一次压榨后,将玉米胚芽粉碎,再次蒸炒、包饼、压榨。压榨中要经常注意清油路。玉米胚芽出油率一般为16%~20%。

(5)精炼。榨出的毛油自然沉淀24小时后即可作为工业用油,如作为食用油,需进行精炼。简单的精炼方法是:将毛油过滤,入大锅加热至沸腾时,除去表面泡沫,加热除去水分,将油倒入另一锅中冷却沉淀12

小时,上层清油即可食用。

(四)红薯粉丝的加工

红薯俗称地瓜,红薯中含有丰富的糖,红薯与米面混吃,可以得到更为全面的蛋白质补充。红薯含有的赖氨酸比大米、白面要高得多,还含有十分丰富的胡萝卜素。用红薯制作的粉丝营养丰富,深受人们喜爱。

红薯粉丝的加工技术要点如下:

(1)打浆。先将少量淀粉用热水调成稀糊状,再用沸水冲入调好的稀粉糊,并不断朝一个方向快速搅拌,至粉糊变稠、透明、均匀,即为粉芡。制100千克干红薯粉丝,需用明矾300克、开水35千克,用作打浆的干淀粉约需3千克。

(2)调粉。先在粉芡内加入0.5%的明矾,充分混匀后再将湿淀粉和粉芡混合,搅拌搓揉至无疙瘩、不黏手、能拉丝的软粉团即可。漏粉前可先试一下,看粉团是否合适,如漏下的粉丝不粗、不细、不断即为合适。

(3)漏粉。将揉好的粉团放在带有小孔的漏勺中,用手挤压瓢内的粉团,透过小孔,粉团即漏下成粉丝。漏勺下面放一开水锅,粉丝落入开水锅中,遇热凝固煮熟。水温应保持在97℃～98℃,开水沸腾会冲坏粉丝。在漏粉时,要用竹筷在锅内搅动,以防粉丝粘着锅底。生粉丝漏入锅内后,要控制好时间,掌握好火候。

(4)冷却、漂白。粉丝落到沸水锅中后,待其将要浮起时,用小竹竿挑起,拿到冷水缸中冷却,目的是增加粉丝的弹性。冷却后,再用竹竿绕成捆,放入酸浆中浸3～4分钟,捞起凉透,再用清水漂过,并搓开互相黏着的粉丝。

(5)冷冻。红薯粉丝黏结性强、韧性差,因此需要冷冻。冷冻温度为－10℃～－8℃,达到全部结冰为止。然后,将粉丝放入30℃～40℃的水中使其解冻,用手拉搓,使粉丝全部成单丝散开,放在架上晾晒。

(6)干燥。晾晒架应放在空旷的晒场,晾晒时应将粉丝轻轻抖开,使之均匀干燥,干燥后即可包装成袋。

(五)鲜红薯生产淀粉

红薯中含有丰富的淀粉、膳食纤维及多种微量元素,营养价值很高,具有补虚气、益气力、健脾胃、强肾阴等功效。红薯膳食用途广泛,除直

接烹饪外,还可以制成红薯淀粉。

鲜红薯生产淀粉的方法与技术要点如下:

(1)原料的选择和清洗。首先要选择淀粉含量高、无病虫害、品质好的新鲜红薯。然后将鲜红薯倒入缸中加入清水,进行不断的翻洗和冲刷,洗去鲜红薯上的泥沙和杂质等,洗完后取出,沥干水分。

(2)原料的磨碎和过滤。将沥过水后的鲜红薯用破碎机打成大小为2厘米以下的碎块,以便于打磨和过滤。此时将鲜薯碎块送入石磨或金刚砂磨加水磨成薯糊,鲜薯重量与加水量的比例为 1:3～1:3.5。再将薯糊倒入孔径为 60 目的筛子中进行过滤。

(3)原料的兑浆处理。将过滤得到的淀粉乳放入大缸中,随即按比例加入酸浆和水调整淀粉乳的酸度和浓度。淀粉乳的酸度和浓度与淀粉和蛋白质的沉淀有密切关系。若淀粉乳酸度过大,淀粉和蛋白质同时沉淀,使淀粉分离不清;酸度过小,则蛋白质和淀粉均沉淀不好,呈乳状液,无法分离。

(4)原料的撇缸和坐缸。兑浆后静置 20～30 分钟,待沉淀完成即可进行撇缸及坐缸。撇缸就是将上层清泔水及蛋白质、纤维和少量淀粉的混合液取出,留在底层的为淀粉。坐缸就是在撇缸后的底层淀粉中加水混合,调成淀粉乳,使淀粉再沉淀。坐缸温度为 20℃左右。在发酵过程中适当地搅拌,促使发酵完成、淀粉沉淀。一般坐缸时间为 24 小时,天热可相应缩短一些时间。

(5)原料的撇浆过滤。坐缸所生成的酸浆称为二和浆。正常发酵的酸浆浆色洁白如牛奶,有清香味。若发酵不足或发酵过头,则酸浆色泽和香味均差,供兑浆用时效果不好。之后进行撇浆,将上层酸浆撇出作为兑浆之用。撇浆后的淀粉用筛孔为 120 目的细筛进行筛分。筛上物为细渣,可作饲料。筛下物为淀粉,转入小缸。淀粉转入小缸后,加水漂洗淀粉,约需放置 24 小时,防止出现发酵现象。

(6)原料的起粉和干燥处理。淀粉在小缸中沉淀后,上层液体为小浆,可与酸浆配合使用,或作为磨碎用水。撇去小浆后,在淀粉表面留有一层灰白的油粉,是含有蛋白质的不纯淀粉。油粉可用水从淀粉表面洗去,洗出液可作为培养酸浆的营养物料,底层淀粉用铲子取出。淀粉底部可能有细沙黏附,应将其刷去,获得湿淀粉。为了便于贮藏和运输,必须进行干燥处理。一般采用日光晒干或送入烘房烘干处理,成为真正意义上的淀粉。

(六)腐竹的加工

腐竹是大豆磨浆烧煮后,凝结干制而成的高蛋白豆制品。腐竹具有与黄豆相似的营养价值,对人体非常有益,几乎适合一切人食用,备受广大消费者的喜爱。

腐竹的加工方法与技术要点如下:

(1)选料、浸泡。选用新鲜、蛋白质和脂肪含量高、无杂色豆的黄豆作原料。将黄豆浸泡至其两瓣搓开后成平板,但水面不起泡。浸豆水量为大豆的 4 倍左右,浸泡 6～8 小时,使大豆充分吸水。

(2)磨浆、过滤。大豆泡好后即可上磨磨浆,使大豆蛋白质随水溶出。磨浆时应注入大豆量 7～8 倍的水,磨成极细的乳白色豆浆。将磨出的豆浆用甩浆机或挤浆机过滤,使浆与豆渣分离。

(3)煮浆、放浆过滤。把过滤好的浆放到煮浆锅中,煮至 100℃,要煮开煮透。把烧开的浆用细包过滤,进一步清除浆内的细渣和杂物。

(4)起皮。把过滤好的热浆放入起皮锅中。起皮锅用合金板制成,由锅炉通过夹层底加热。放满浆后即行加温,使浆温保持在 70℃ 左右。待浆结皮后,将皮揭起。皮起出后搭在竹竿上,并注意翻动,防止豆皮粘在竿上。

(5)干燥。将放满皮的竹竿送到干燥室进行干燥。干燥室的温度要保持在 40℃ 以上,干燥时间约为 12 小时。品质优良的腐竹呈金黄色,不折不碎,无湿心,含水量不超过 10%。

(七)豆腐乳的制作

豆腐乳又称腐乳,是我国著名的特产食品之一,已有上千年的生产历史。它是用大豆、黄酒、高粱酒、红曲等原料混合制成的。豆腐乳种类较多,大多味道鲜美、营养丰富,有除腥解腻的作用,适于佐餐或作调味料。

豆腐乳的制作方法与技术要点如下:

(1)制坯。制坯过程与制作豆腐基本相同。坯冷却后划块。

(2)接种。在腐乳坯移入"木框竹底盘"的笼格前后,分次均匀撒加经低温干燥磨细的麸曲菌种,菌种用量为大豆原料重量的 1%～2%。接

种温度掌握在 40℃～45℃,不宜过高。然后将坯均匀侧立于笼格竹块上。

(3)培菌。腐乳坯接种后,将笼格移入培菌室,立柱状堆叠,室温保持在 25℃左右。约 20 小时后,菌丝繁殖,笼温升至 30℃～33℃,要进行翻笼,并上下互换 3～4 次,以调节温度。培菌时间长短应视温度、菌种等条件而定,约 76 小时。菌丝生长丰满,不黏、不臭、不发红时,即可移出。

(4)腌坯。腐乳坯经短时晾笼后即可进行腌坯。腌坯有缸腌和箩腌两种。缸腌可将坯整齐排列于缸中,缸的下部有中留圆孔的木板假底,将坯列于假底上,顺缸排成圆形,未长菌丝的一面靠缸边。要分层加盐,逐层增加。腌坯时间为 5～10 天,其间还要淋加盐水,使上层坯含盐均匀。腌期满后自圆孔中抽去盐水,干置一夜起坯备用。箩腌是将坯平放在竹箩中,分层加盐,腌坯盐随化随淋,腌两天即可作装坛用。

(5)装坛。配料前先将腌坯块分开,然后配料装坛。如制红腐乳,可加入染坯红曲卤配料浸泡 2～3 天,磨浆,再加黄酒搅匀备用。将坯在染坯卤中染红,然后装入坛内,再灌装坛用卤,依次加入面糕曲、荷叶、封口盐、白酒。坛口用水泥和石膏的混合物加水封固。

(6)成熟。6 个月左右,腐乳成熟,包装即为成品。

(八)豆瓣酱的加工

豆瓣酱是用蚕豆(大豆)、食盐、辣椒等原料酿制而成的酱。蚕豆(大豆)中含有大量的蛋白质、钙、钾、镁、维生素 C 等,并且氨基酸种类较为齐全。用蚕豆(大豆)制成的豆瓣酱可以做汤、炒菜,也可蘸食。

豆瓣酱的加工方法与技术要点如下:

(1)以蚕豆为原料的制作方法。蚕豆用开水泡涨后去皮,放入锅内煮至用手一捏就酥烂,然后倒入簸席上摊平,上盖厚约 3 厘米的稻草,放在无阳光和空气不流通处,3 天翻拌 1 次,约 7 天后,再移至通风处。待豆瓣长出黄毛(真菌)后,放入食盐拌匀装入坛中,再把洗净、晾干、切碎的辣椒连同煮好的香料水一并倒进坛中拌匀。不要沾水和油,以免生虫或变质。最后用黄泥封严。静置半个月左右,酱色变成黑褐色,闻着有香气,味鲜咸而带甜,即成。

（2）以大豆为原料的制作方法。剔除大豆中的杂质，用水洗净尘土后，浸泡 8～10 小时，至黄豆发胀、无皱纹后，沥水放入锅中煮 2 小时，再焖 6～8 小时，呈糜糊状、黄褐色即可。然后将熟豆冷却，温度降至 37℃ 左右时，用面粉拌匀，盖上干净布，放于温度稍高的地方发酵。7～8 天即可长出一层黄绿色的毛，此时将其捣成小块，装入缸中，并加入食盐和清水，搅拌均匀。再把酱缸放在向阳的温暖处，10 天后打开，酱色微红，味香而甜。

（九）面包的加工

面包加工有一次发酵法、二次发酵法。一次发酵是将全部原辅料在面团调制时加入，适用于辅料配比较低的主食面包、法式面包等。二次发酵是在生产中进行两次发酵过程，操作较复杂，有部分发酵损失，但产品瓤心气孔膜较薄、纹理均匀、细密绵软、不易老化，发酵香味丰富。

面包生产的二次发酵法技术要点如下：

（1）调制。二次发酵法调制面团是分两次进行的。第一次是将全部面粉的 30%～70% 及全部的酵母溶液和适量的水调制成面团，待其发酵成熟后，再第二次调制面团。第二次调制面团是将第一次发酵成熟的面团放到调粉机中，加入剩余的原辅材料和适量的水，搅拌至成熟，可进行第二次发酵。

为了得到优质的面团，调制时必须注意酵母要均匀地分布在面团中，搅拌要均匀，加水量要充分，要注意水的温度。

（2）发酵。具体方法如下：第一次面团发酵是将第一次调制完毕的面团，在 25℃～30℃ 的温度下使面团发酵 2～4 小时，待面团发酵成熟后，可进行第二次发酵。第二次发酵是将第一次发酵成熟的面团放在调粉机内，加入剩余的原辅材料，调制成面团后，再进行第二次发酵。发酵温度一般为 25℃～31℃，经过 2～3 小时即可发酵成熟。

（3）揿粉。第二次发酵成熟后的面团，应该立即进行揿粉。揿粉的方法是将已发起的面团压下去，驱走面团内部的大部分二氧化碳气体，再把发酵槽的四周及上部的面团翻压下去，使原来发酵槽底部的面团翻到槽的上面来。揿粉后的面团，再让其继续发酵一定的时间（如 20 分钟），使其恢复原来的发酵状态，然后再进行第二次。

（4）整形。面团经过二次发酵成熟至做成一定形状的面包坯，中间需经过分割、搓圆、中间醒发、做型和装盘5道工序，称为整形。

（5）成型。做型后的面包坯经最后一次发酵而达到应有体积和形状的过程称为成型，也称为醒发，又称后发酵。成型的作用是使面包坯发酵膨大到适当体积和形状，符合烘烤要求，并使面包坯内部组织疏松，烘烤后富有弹性，有均匀蜂窝结构。成型时的常规条件是温度35℃～40℃、相对湿度80%～90%。

（6）烘烤。面包的烘烤过程一般可分为3个阶段。第一阶段也就是刚入炉阶段，面包坯的烘烤应该在炉温较低和相对湿度较高（60%～70%）的条件下进行。当面包瓤的温度达到50℃～60℃时便进入烘烤的第二阶段，这时炉温可以提高到最高，面火可达270℃，底火不应超过270℃。第三阶段，炉温可以逐步降低至面火为180℃～200℃，底火为140℃～160℃。一般小面包烘烤时间多在5～10分钟，而大面包则需要半小时左右。

（7）冷却包装。冷却的时间要根据当地的气候条件和面包成品的大小而定，如在我国北方气温比较低的地区，一般需要冷却20～30分钟。在南方气温比较高的地区，一般需要冷却1～2小时。

冷却好的面包如果长时间暴露在空气中，水分容易散发，使成品变硬，失去了面包松软适口的特点及特有的风味。经过包装，既能使面包的质量更有保证，又能使产品看上去美观大方。

（十）酥性饼干的加工

饼干的品种很多，按质地特征可分为粗饼干、韧性饼干、酥性饼干、甜酥性饼干和发酵饼干。酥性饼干口感酥松，配料种类较多，营养较全面，近年来发展很快，产品深受消费者喜爱。

酥性饼干的加工方法与技术如下：

（1）面团的调制。酥性面团要求具有较大的可塑性和有限的黏弹性。在操作中面皮具有足够结合力而不断裂，成型后饼坯不收缩变形，烘烤时具有一定的胀发力，成品有清晰的花纹。酥性面团调制的关键是控制面筋的形成率，使面团获得有限的弹性。调制面团时应控制好配料次序、面筋含量及加水量。

（2）面团的辊轧。面团的辊轧是为了获得表面光滑、形态平整、厚度均匀、质地细腻的面片。由于酥性面团中油、糖含量比较高,面团质地较软,容易断裂,长时间辊轧会使面片韧缩。因此,酥性面团只需在成型机上经 2～3 对辊筒将面团压成面片即可。

（3）饼干的成型。饼干成型有冲印、辊印、辊切、挤条成型等。冲印成型适用于多种面团,成品表面光滑、不易破碎,但设备复杂、产量低;辊印成型只适用于酥性面团,产品表面粗糙、容易破碎,但花纹美观、成型迅速、设备简单。

（4）烘烤。酥性面团中辅料比例高,并在严格控制湿面筋形成条件下调制面团,生坯结构疏松,宜采用"高温短时间"焙烤工艺。生坯入炉后迅速升温,使表面迅速定型、底部凝固,防止饼体发生油摊,此后底、面火温度逐步降低。

（5）冷却。刚出炉的饼干必须通过冷却,使水分下降、温度回落,质地由柔软过渡到口感酥松的固定形态。冷却终点为 38℃～40℃。在冷却初始阶段,水分蒸发量达出炉总蒸发量的 80%～90%,5～6 分钟时含水量降至最低点,在 6～10 分钟内相对稳定,10 分钟后重新吸潮。因此,冷却时间应适当。

(十一)燕麦片的生产

燕麦又称莜麦,俗称油麦、玉麦,是一种低糖、高蛋白质、高能量食品。燕麦片即精选塞北高寒山区的裸燕麦加工制成的绿色食品,其食用更加方便,口感也得到改善,是深受人们欢迎的保健食品。

燕麦片的生产技术要点如下:

(1)清理。燕麦的清理过程与小麦相似,一般根据颗粒大小和比重的差异,经过多道清理,方能获得干净的燕麦。通常使用的设备有初清机、振动筛、去皮机、除铁器、回转筛、比重筛等。

(2)碾皮增白。燕麦麸皮是燕麦的精华,大量的可溶性纤维和脂肪在麸皮层,因此,碾皮的目的是为了增白和除尘。燕麦的去皮只需轻轻摩擦去除麦毛和表皮即可,不能像大米碾皮一样除皮过多。

(3)清洗甩干。去皮后要清洗干净,然后甩干。

(4)灭酶热处理。燕麦中含有多种酶类,尤其是脂肪氧化酶,若不进

行灭酶处理,燕麦中的脂肪就会在加工中被促氧化,影响产品质量和货架期。加热处理既可灭酶,又能使燕麦淀粉糊化和增加烘烤香味。

(5)切粒。燕麦片有整粒压片和切粒压片。切粒是通过转筒切粒机将燕麦粒切成1/2~1/3大小的颗粒。切粒压片的燕麦片形整齐一致,并容易压成薄片而不成粉末。

(6)汽蒸。其目的有三:一是使燕麦进一步灭酶和灭菌;二是使淀粉充分糊化达到即食或速煮要求;三是使燕麦调润变软,易于压片。蒸煮设备最好用能翻转的蒸煮机。

(7)压片。蒸煮调润后的燕麦,通过双辊压片机压成薄片,片厚控制在0.5毫米左右,厚了煮食时间长,太薄产品易碎。

(8)干燥、冷却。经压片后的燕麦片需要干燥,将水分降到10%以下,以利于保存。燕麦片较薄,干燥时稍加热风,甚至只用鼓冷风就可达到干燥目的。干燥之后,冷却到常温。

(9)包装。一般采用气密性较好的材料,如镀铝薄膜、聚丙烯袋、聚酯袋。另外,燕麦片是一种速食食品,卫生要求高,后段从蒸煮开始应尽量做到系统内无菌化生产。

三、禽蛋类、奶类加工

蛋类、奶类中含有丰富的蛋白质、矿物质等营养成分,受到很多消费者的喜爱。蛋类、奶类产品的深加工使得消费者对于蛋制品、奶制品的选择更加多样化,使得人们的生活更丰富。

(一)硬心皮蛋的加工

用调制好的料泥直接包裹在蛋上,再滚一层稻壳后装缸,密封,待成熟后出缸,即为硬心皮蛋。硬心皮蛋成熟时间比较长,多在春秋两季加工。

硬心皮蛋的加工技术要点如下:

(1)配方。不同地区、不同季节,制作料泥的配方也不尽相同。一般的配方是:生石灰6千克、纯碱1.2~1.6千克、食盐1.5~1.7千克、红茶末0.8~1千克、草木灰15千克、开水20~24升、鸭蛋1000枚。

(2)制料。先将茶叶末放在锅内加水煮沸,再将生石灰分次投入茶汁内,待80%左右的生石灰起反应后,再加入纯碱和食盐,搅拌,待石灰充分作用后将杂质、石灰渣捞出,并按量补足石灰。然后把一半的草木灰倒入上述的料液内,搅拌3~4分钟,再把其余的一半倒入并拌匀。料泥拌匀10分钟左右即开始发硬,这时将料泥分块取出摊开,以便冷却。

(3)打料。把冷却后的料泥投入打料机内,开动机器,数分钟后达到料泥发黏成熟状态,便可取出用于包蛋。料泥要现打现用,久置会使碱粉沉淀。

(4)包泥。包泥时要戴上手套,以免强碱灼伤皮肤。先在左手掌中央放约35克的料泥团(料泥占蛋重约65%),再将鲜蛋放在泥团上,双手轻轻搓揉,使蛋全涂上料泥。包好料泥后放在稻壳上滚动一下,使蛋壳均匀粘上稻壳。

(5)装缸。包好料泥稻壳后的蛋要及时装入缸中,装至离缸口约5厘米为宜。装缸后约经15分钟,待料泥变硬后,便送入库加盖,密封,贴上标签。

(6)出缸。硬心皮蛋的成熟期,春季为60~70天,秋季为70~80天。出缸前要进行抽样检查,已经成熟的皮蛋要及时出缸。

(二)咸蛋的加工

咸蛋是指以鸭、鸡等禽鲜蛋,经用盐水或含盐的纯净黄泥、红泥、草木灰等腌渍而成的再制蛋。加工咸蛋主要用鲜鸭蛋,也可用鸡蛋。原料蛋必须经过感官鉴定和光照透视,蛋要新鲜、完整、清洁、无污染。腌渍咸蛋所用的辅料主要是食盐、黄泥、草木灰和水等。

咸蛋的加工技术要点如下:

(1)草木灰法。用草木灰法加工咸蛋是将原料蛋放入以草木灰、食盐和水调成的灰料中,经提浆、裹灰至成熟。

先将食盐溶于水中,然后把草木灰分次加入,在打浆机内搅拌均匀,使其成不稀不稠的灰浆。将手放入灰浆内,以取出后皮肤呈黑色、发亮,灰浆不流、不起水、不成块、不成团下坠,放入盆内不起泡为适度。

把原料蛋放入灰浆内翻转一下,使蛋壳表面均匀地粘上约2毫米厚的灰浆,再在干草灰中滚一下,使蛋裹上约2毫米厚的干灰。

经过裹灰、搓灰后的蛋即可点数入缸或篓,加盖密封,放入阴凉通风的室内贮存。咸蛋成熟时间与温度有关,一般夏季为 25～30 天,秋冬季为 35～40 天。

(2)盐泥涂布法。用盐泥涂布法加工咸蛋是以食盐、黄泥和水调成泥浆,将蛋放在泥浆中腌渍至成熟的咸蛋。

先将食盐放在容器内,加水使其溶解,再加入捣碎的干黄土,搅拌调成糊糊状的泥浆。将经检验的鲜鸭蛋放在配制好的泥浆中,使蛋壳上全部粘满盐泥后,点数放入缸或箱内,加盖盖好。成熟期夏季为 25～30 天,春、秋季约为 35 天,冬季约为 45 天。

(3)盐水浸渍法。盐水咸蛋的配料主要是食盐和水,盐水浓度以 20%为宜。配制时把食盐放入容器中,加入开水,搅拌使之溶解即可。待盐水冷却至 20℃左右,将鲜鸭蛋放入盐水中浸渍,蛋面压上竹篾,以防蛋上浮,经 20～25 天便成熟。

(三)鹌鹑皮蛋的加工

用于加工鹌鹑皮蛋的鲜蛋,必须经过感官鉴定和灯光透视、敲蛋及分等级等工序,严格挑选。

鹌鹑皮蛋的加工技术要点如下:

(1)料液配制。配料:氢氧化钠 0.42 千克,食盐 0.25 千克,红茶 0.3 千克,五香料 160 克(桂皮、八角、白芷、豆蔻各 40 克),水 10 升。先将五香料、红茶和水放在锅中煮沸 15～20 分钟,然后用纱布将茶叶过滤,取其茶叶水。趁热加入氢氧化钠和食盐,充分搅拌,使其完全溶解,静置 1 天,冷却到室温后使用。

(2)装缸灌料。将检验后的鹌鹑蛋放入缸内,每缸装蛋 10～20 千克为宜,防止下层蛋被压破。蛋装好后,便将配好的冷却料液灌入缸内,使蛋淹没,盖上竹篾。

(3)出缸涂膜。温度在 20℃时,经过 18～20 天便可成熟,检验合格后出缸。鹌鹑蛋个体小,一般采用液状石蜡或 4%乙烯醇涂膜保存。

(四)大豆酸奶的加工

大豆酸奶是一种新型的由豆奶标准化牛奶和乳酸等制成的功能性食品。以鲜乳和豆乳为原料生产大豆酸奶,具有特有的双重营养和保健作用,为酸奶品种的开发提供了一条新途径。

大豆酸奶的生产工艺与技术要点如下:

(1)发芽处理。选择颗粒饱满、无虫蛀、无霉变的大豆,用温水浸泡使之膨胀后放入发芽装置中发芽,温度25℃,时间2天,然后取出放入pH值为7.5~7.8的弱碱液中浸泡2小时。

(2)磨浆。用清水浸泡两次,沥干后用分离式磨浆机磨浆,同时添加水,豆芽与水的质量比为1:5,磨两次,以100目筛将浆液过滤,去除豆渣,得豆乳。

(3)煮沸。将豆乳煮沸,使抗胰蛋白酶和大豆凝血因子变性失活,进一步去除豆乳中的挥发性豆腥味,同时达到杀灭杂菌的目的,冷却后得豆乳。

(4)配料。将鲜牛奶过滤净化后加热到60℃~70℃,加入4%白砂糖,充分搅拌溶化,同时取0.2%的单甘酯和0.1%的羧甲基纤维素钠与剩余的白砂糖充分混合,然后用温水溶化,加入牛奶中,再将牛奶加入豆奶中,搅拌均匀。

(5)杀菌、冷却。在90℃~95℃下灭菌10分钟。将灭菌后豆乳及牛乳混合液冷却到45℃左右。

(6)接种、发酵。加入由等量嗜热链球菌和保加利亚乳杆菌制成的发酵液,按4%接种量加入。灭菌灌入经杀菌的酸奶容器中,在43℃下发酵3~4小时。待酸奶充分凝块后取出移入0℃~5℃的冷藏库中冷藏24小时,有利于形成良好的组织形态。

(五)风味乳的加工

风味乳是以牛乳或乳制品为主要原料,添加可可粉、咖啡、果汁、甜味剂、稳定剂、香精等加工而制成的乳饮品,如巧克力奶、果汁奶等。

风味乳的加工方法与技术要点如下:

(1)巧克力奶。称取可可粉、蔗糖、海藻酸钠,然后将海藻酸钠与5倍重量的蔗糖充分混合均匀。另把可可粉与剩余的蔗糖充分混合均匀,在不断搅拌下,徐徐加入脱脂乳,直至成为细腻的组织状态为止、然后加热至65℃,再添加海藻酸钠与蔗糖的混合物(边添加边搅拌),并加热至80℃~88℃,保持15分钟杀菌,冷却到10℃以下备用。

将原料乳(全脂乳和脱脂乳)预热至 60℃～65℃进行均质,后加入预先制备好的可可糖浆,再经 75℃、15 分钟或 65℃、30 分钟杀菌,然后急速冷却至 10℃,装瓶封盖,保存。

(2)果汁奶。果汁奶是在牛乳或脱脂乳中添加果汁、有机酸、蔗糖、稳定剂等混合制成的酸味爽口的乳饮品。

先将蔗糖与稳定剂充分混合,然后按稳定剂浓度 2%～3%加水,在强力搅拌下溶解(因为稳定剂弥散性差,故要强力搅拌)。其余的蔗糖在牛乳、脱脂乳中溶解,再加入调制好的稳定剂溶液,然后在 20℃以下徐徐加入果汁及有机酸稀释液,最后加香精,经均质、杀菌、冷却后灌装。

(六)冰淇淋的加工

冰淇淋,它是以乳和乳制品及食糖为主要原料,加入蛋或蛋制品、乳化剂、稳定剂及香味料等,通过混合配制、均质、杀菌、成熟、凝冻、成型、硬化等工序加工而制成的冷冻饮品。

冰淇淋的生产工艺与技术要点如下:

(1)冰淇淋混合料。将原料乳、稀奶油、甜炼乳、全脂乳粉、蔗糖、稳定剂(明胶)、乳化剂、鸡蛋、香精等按照一定比例调制成冰淇淋混合料。在混合料中,脂肪含量一般为 8%～12%、非脂乳固体含量为 8%～10%、蔗糖含量为 13%～18%、稳定剂为 0.3%～0.5%、乳化剂为 0.2%～0.35%。

(2)混合料的调制。将蔗糖加水溶解,配成 65%～70%的糖浆备用。明胶等稳定剂先用清水浸软,再加热使其溶解后备用。鸡蛋去壳,将蛋液放进消毒过的容器中,搅拌均匀至起泡备用。奶粉加温水溶解后备用或加入预先加温的一部分液体原料中,经搅拌使其全溶后备用。

当全部物料处理好后,在加热搅拌器中充分混合均匀,加温到 52℃～60℃用过滤器过滤,香精在混合料冷却时加入。

(3)均质、杀菌。均质是冰淇淋生产的一个重要工序,它对提高冰淇淋的质量有重要作用。均质的温度为 65℃左右,所需的压力因混合料的组成不同而不同,一般采用 15～18 兆帕。混合原料的杀菌通常采用巴氏杀菌法,即用 70℃、30 分钟或 75℃、20 分钟杀菌。

(4)冷却成熟、凝冻。杀菌后的混合料迅速冷至 0℃～40℃,并在此温度下保持 2～4 小时进行物理成熟。将成熟的混合料装入凝动机的搅拌桶内,在强烈的搅拌下进行凝冻,使之在较短时间内结成冰淇淋。当凝冻机中的冰淇淋达到一定硬度、膨胀率达到要求时,即行出料。

(5)灌装、成型、硬化及保存。凝冻后半固体状态的冰淇淋称为软质冰淇淋。为了便于销售和运输,必须将凝冻后的冰淇淋按销售的要求分装成型。灌注成型包装后的冰淇淋必须迅速置于－40℃～－25℃的温度下冷冻,以便固定冰淇淋的组织形态,并使其保持适当的硬度,这就是冰淇淋的硬化。硬化后的冰淇淋在销售前,应放在冷库中保存。

四、肉类加工

经过深加工制成的各种风味独特、营养上佳的肉类食品越来越受到人们的欢迎,这就为肉类加工业提供了良好的市场。因此,发展肉类加工项目是农民朋友发家致富相当不错的选择。

(一)烧鸭的加工

烧鸭也叫烤鸭,我国各地均有生产,但由于配料的不同而各具特色。烤鸭的特点是:外形美观、色泽鲜艳、皮脆肉香、味美可口,深受消费者的喜爱。

烧鸭的加工方法与技术要点如下:

(1)原料、配料。鸭要选用经过肥育的活重在 2.5 千克左右的健康鸭作原料。以 1 只净重 2 千克的光鸭(鸭坯)计:五香粉 4 克、精盐 30 克、生抽 10 克、蒜蓉 5 克、白糖 10 克、葱白 5 克、芝麻酱 6 克、白酒(50 度)2 克、味精少许,将以上原料混合均匀备用。

(2)制法。将活鸭倒挂宰杀放血→脱毛(用 65℃以上的热水脱毛)→洗净→吹气→取出内脏(在肛门上方直开一小口)→切去双脚和下翅→洗净→放料(将配料放入腹腔内,并稍加擦匀)→缝合→吊挂用 100℃沸水烫皮→晾干→淋糖水(麦芽糖与水之比为 1∶5～1∶6)→晾干后入炉烧烤。

烤制时,开始先用 180℃逐渐升高到 200℃～220℃,约烤 30 分钟便熟。烤制时间视鸭坯大小和肥度而定。

(二)香肠的加工

香肠俗称腊肠,是指以肉类为主要原料,经切、绞成肉丁,配以辅料,灌入动物肠衣再晾晒或烘焙而成的肉制品。

香肠的加工方法与技术要点如下:

(1)原料肉的选择和预处理。原料肉以猪肉为主,要求新鲜,瘦肉以腿、臀肉为最好,肥膘选背部硬膘为好。原料肉经过修整,去掉筋腱、骨头和皮。瘦肉用绞肉机绞碎,肥肉切成肉丁。肥肉丁切好后,用温水漂洗1次,以除去浮油和杂质,捞入筛内,沥干水分待用,肥瘦肉分别存放。

(2)准备肠衣和小麻绳。加工香肠一般用猪小肠的干肠衣或盐渍肠衣。使用前先用温水浸软,洗去盐分和沥干水分后备用。准备一些用无毒色素染色或不染色的麻绳,作为结扎香肠时用。

(3)配料。瘦肉70千克、肥肉30千克、精盐2.5~2.8千克、白糖8~8.5千克、白酒(50度)2.3~3千克、一级白酱油3~4千克、硝酸钠0.05千克。

(4)灌制。将配料混合均匀,放入肥肉轻轻搅拌,再放入瘦肉轻轻搅拌混匀。搅拌时可逐渐加入15%~20%的温水,以调节黏度和硬度,使肉馅更润滑、致密。

先用清水灌入肠衣洗过,挤出水分,再灌入肉馅。灌时要灌满,注意不要过紧或过松,以无空洞为准。灌满肉馅后,在肠衣两端打好结,并用细针在每结上刺若干小孔,以便烘晒时水分和空气往外排出。

(5)漂洗。灌完并扎好后的湿肠,用温水(40℃)漂洗1次,以除去附着在肠表面上的杂物,然后依次挂在竹竿上,准备晾晒或烘焙。

(6)晾晒或烘焙。晴天,将湿肠放在日光下晒3~4天,使其干燥程度达65%时即可。在晒的过程中,如果肠内有胀气,可用针刺排气。或将湿肠在太阳光下晾晒几小时后移入烘房内烘焙。必须注意控制好温度。一般经过3天左右的烘焙即可,然后再将香肠挂在通风良好处风干10~15天,即为成品。

(三)肉干的加工

肉干是指瘦肉经预煮、切丁(片、条)、调味、复煮、干燥等工艺制成的干、熟肉制品。由于原辅料、加工工艺、形状、产地等的不同,肉干的种类很多。按所用原料的不同,分为牛肉干、猪肉干、羊肉干、兔肉干等;按形状分为片状、颗粒、条子、丝状、大条状等;按味道分为五香肉干、咖喱肉干、麻辣肉干、果汁肉干等。

肉干的加工方法与技术要点如下:

(1)原料肉预处理。选用符合食品标准的新鲜牛肉、猪肉或羊肉,一般以前后腿瘦肉为好。将原料肉去皮、骨、筋腱、脂肪及肌膜后,顺着肌纤维切成1千克左右的肉块,用清水浸泡1小时,除去血水、污物,沥干后备用。

(2)配料。各地习惯不同,所用的配料及比例也不一样。现介绍一种配方,以供参考:瘦肉100千克、食盐2千克、酱油5千克、味精0.13千克、白糖8.2千克、白酒(50度)0.8千克、生姜0.15千克、五香粉0.15千克。

(3)初煮。将沥干的肉块放在沸水中煮制,煮制时以水盖过肉面为原则。初煮时,一般不加任何辅料,但有时为了除异味,可加1%~2%的鲜姜。初煮的水温保持在90℃以上,并及时清除汤面污物。初煮时间随肉的嫩度和肉块大小而定,一般是待肉块收缩变硬、切面呈粉红色(约经1小时),即为初煮完毕。将肉块捞出沥干,冷却后按需要切成肉片或肉丁,原汤汁过滤待用。

(4)复煮。复煮是将切好的肉坯放在调味汤中煮制。取肉坯重30%左右的过滤初煮汤,放入锅内,加入配料,用大火煮开后,将切好的肉片或肉丁放入锅内,改用小火,并用锅铲不断翻动。当煮到肉质疏松、汤快熬干时,再加入白酒和味精,拌匀立即出锅。

(5)脱水、冷却、包装。肉干常用的脱水方法有烘烤法、炒干法、油炸法。冷却以在清洁室内摊晾、自然冷却较为常用。必要时,可用机械排风,但不宜在冷库内冷却,以免吸水返潮,影响肉干质量。包装以复合膜为好,尽量选用阻气阻湿性能好的材料,以保证产品质量。

(四)肉松的加工

肉松是指瘦肉经煮制、调味、炒松、干燥或加入食用动植物油炒制而成的絮状或团粒状的干熟肉制品。由于原料、辅料、产地等的不同,我国生产的肉松品种很多、名称各异,这里只介绍太仓式肉松的加工。

太仓式肉松加工的主要方法和技术要点如下：

（1）原料肉的处理。传统肉松是由猪瘦肉加工而成。现在除猪肉外，牛肉、鸡肉、兔肉等均可用来加工肉松。将原料肉剔除皮、骨、脂肪、筋腱、结缔组织。结缔组织的剔除一定要彻底，否则加热过程中胶原蛋白质水解后易导致成品黏结成团块而不能呈良好的蓬松状。把修整好的原料肉切成1千克左右的肉块，洗去淤血和污物。

（2）配料。各地爱好不同，所用的配料及其比例也不一样。现介绍一种配方，以供参考：猪瘦肉100千克、酱油22千克、白糖3千克、大茴香0.06千克、生姜1千克、50度白酒4千克。

（3）煮制。将切好的瘦肉放入锅内，加入与肉等量的水。将生姜拍扁后和大茴香一起用纱布包好投入锅内，用大火煮制。煮沸后撇去浮在液面的泡沫和油污，这对保证产品质量很重要。煮制的时间和加水量，应视肉质老嫩而定。用筷子夹肉块稍加压力，如果肌肉纤维能分散，表明肉已煮好。煮制时间为2～3小时。

（4）炒压。肉块煮烂后改用中火，加入酱油和酒，一边炒一边压碎肉块。然后加入白糖、味精，减小火力，收干肉汤，并用小火炒、压肉丝至肌纤维松散时，即可进行炒松。

（5）炒松。炒松有人工炒和机炒两种，在生产中可以把人工炒和机炒结合起来使用。肉松中由于糖较多，较易塌底起焦，故要注意掌握炒松时的火力，而且要不断翻动。当汤汁全部收干后，用小火炒至肉略干，转入炒松机内继续炒至水分含量少于20％，颜色由灰棕色变为金黄色，具有特殊香味时，便可结束炒松。炒好的肉松较粗糙，要立即用擦松机进行擦松，擦至肉松纤维疏松呈金黄色丝绒状即为成品。

（6）拣松、包装。肉松放在消毒后的工作台上冷却、拣松，即将肉松中的焦块、肉块、粉粒等拣出来，以提高成品质量。肉松用无毒塑料袋或铁皮罐包装，最好真空包装，以防肉松吸湿返潮。用复合膜包装，贮藏期为6个月；用马口铁罐装，可贮藏12个月。

（五）肉脯的加工

肉脯是指用猪、牛瘦肉为原料，经切片（或绞碎）、调味、腌渍、摊筛、烘干、烤制等工艺制成干、熟薄片型的肉制品。成品特点是：干爽薄脆，红润透明,熟不塞牙,入口化渣。

肉脯加工的主要方法与技术要点如下:

(1)原料肉处理。传统肉脯一般是用猪、牛瘦肉加工制成。选用新鲜的猪、牛后腿瘦肉,除去骨、脂肪、筋腱等结缔组织,顺着肌纤维切成 1 千克左右的肉块。要求肉块外形规则、边缘整齐、无碎肉和淤血。

(2)配料。各地习惯不同,所用的配料及其比例也不一样。现介绍一种配方,以供参考:原料肉 100 千克、白糖 14 千克、食盐 0.5 千克、特级酱油 12 千克、五香粉或胡椒粉 0.05 千克、味精 0.15 千克、50 度白酒 2 千克、硝酸钠 0.03 千克。

(3)冷冻、切片。将修割整齐的肉块装入模内,送到速冻冷库中速冻,至肉深层温度达到 $-4℃\sim-2℃$ 时出库。从冷库中取出脱模后,用切片机将肉切成 2 毫米厚的薄片,然后解冻、拌料。

(4)腌渍、烘干。将上述配料混合均匀后,与切好的肉片搅匀,在不超过 10℃ 的冷库中腌渍 $1\sim2$ 小时。

先在竹筛上涂刷食用植物油,然后将腌渍好的肉片平铺在竹筛上,晾干水分后移入烘房内烘烤或放入远红外烘箱中烘烤,温度控制在 $60℃\sim70℃$,烘烤时间为 $3\sim4$ 小时。

(6)烧烤。烧烤是将半成品放在高温下进一步熟化,使质地柔软,有良好的烧烤味和油润的外观。烧烤时,把半成品的肉坯,放在远红外肉脯烘烤炉的传动铁丝网上,用 $200℃\sim220℃$ 温度烧烤 $1\sim2$ 分钟,至表面油润、色泽深红为止。

(7)压平、成型、包装。烧烤结束后,趁热用压平机压平,按规格要求切成一定的长方形。冷却后用食品塑料袋或复合袋真空包装。

(六)叉烧肉的加工

叉烧肉为烧烤肉的一种,是指经兽医检验合格的猪肉、禽肉类,加入酱油、盐、糖、酒等调味料,经电或木炭烧烤而成的熟肉制品。

叉烧肉的加工方法与技术要点如下:

(1)选料与修整。选择成猪的胸肩和臀腿瘦肉,去除骨骼、脂肪、筋腱和其他杂质。用 M 形刀法,切成长 $35\sim40$ 厘米、宽 $3\sim3.5$ 厘米和厚 $1.6\sim1.8$ 厘米的肉条。将肉条用温水清洗,沥干水分,装盆待用。

（2）配料。50千克原料肉的配料标准为：酱油（特级生抽）2.5千克、精盐1千克、白糖3千克、50度白酒1千克、五香粉150克、麦芽糖2.5千克、曲水适量。

（3）腌制。先将酱油、白糖、食盐、五香粉混合，加入原料肉条，经充分揉搓拌匀后腌渍40分钟。每隔20分钟翻动揉搓1次，使配料均匀吸收。再加白酒与曲水，翻动混合均匀。取出串挂于铁钩，并在腌坯中部串一钢杆，以防产品弯曲变形。

（4）烧烤。将串好的腌坯挂炉内烧烤15分钟左右。取出翻排调动方向，继续烧烤30分钟左右。第二次取出浸泡麦芽糖片刻，重新挂炉内烧烤约3分钟，便完成了产品的最后烧烤工序。

（5）成品规格与食用品质。合格的叉烧肉成品，每条重0.25～0.3千克，肉色棕红，色泽光亮，气味芬芳，香甜可口。

（七）腊肉制品的加工

腊肉具有色泽金黄、香味浓郁、肉质细嫩、肥瘦适中、干爽性脆的特点，极受我国人们特别是南方人的喜爱。

腊肉的加工方法与技术要点如下：

（1）原料肉的选择与处理。选取皮薄肉嫩、膘层不低于1.5厘米、切除奶脯的肋条肉为原料。均匀切成宽1.5～2厘米、长33～40厘米的长条状肉坯。肉坯顶端斜切一个0.3～0.4厘米的穿绳孔，便于系绳悬挂。

（2）配料。腌制腊肉所用辅料的种类和配方比例并不完全一致，现介绍一种配方，以供参考：腊肉坯100千克、白砂糖4千克、酱油4千克、精盐2千克、大曲酒（60度）2千克、硝酸钠0.13千克。

（3）腌制。将肉坯放入50℃～60℃的温热水中泡软脂肪，洗去污垢、杂质，捞出沥干。将各种配料按比例混合于缸中，力求匀和，将肉坯放于腌料中。每2小时上下翻动一次，腌制8～10小时，便可出缸系绳。

（4）烘烤。肉坯完成腌制出缸后，挂竿送入熏房。竿距保持在2～3厘米，室温保持在40℃～50℃，先高后低。腊肉共约需烘烤72小时，若为3层烘房，每层烧烤24小时左右便可完成烘烤过程。

（5）贮存保管。吊挂于阴凉通风处，可保存3个月。缸底放3厘米厚生石灰，上覆一层塑料薄膜和两层纸，装入腊肉后密封缸口，可保存5

个月。将腊肉条装于塑料袋,扎紧袋口,埋藏于草木灰中,可保存半年。

五、水产类加工

水产品是人们餐桌上的一道亮丽风景,是人体所需大量微量元素的重要来源。水产品加工不仅能够丰富水产品的种类,还能改善水产品的品质,提升水产品的价值,因此,发展水产品加工项目既是发展渔业和水产经济的需要,也是解决农民增收问题的重要途径。

(一)烤鱼片的加工

烤鱼片是以冰鲜或冷冻的海水鱼类为原料,经加工而成的即食食品,含有丰富的钙、磷、铁及多种维生素,是高蛋白、低脂肪的营养食品。烤鱼片具有味香鲜、肉质疏松等特点,深受广大消费者的喜爱。

烤鱼片的加工方法与技术要点如下:

(1)原料的削片处理。生产烤鱼片的理想原料为马面鱼。先将马面鱼进行剥皮、去头、去内脏并将鱼体内壁清洗干净。在鱼操作台上边冲水边用不锈钢小刀将鱼体上下两片鱼肉削下来。要求以形态完整、不破碎为好。操作时要将刀子靠近中间鱼骨处削平。削下的鱼片存放在洁净的塑料盘内,要有专人检查质量。

(2)原料的漂洗处理。根据原料鲜度,将削好的鱼片倒入水槽内用流动水漂洗 1 小时左右,使鱼片上的黏膜及污物、脂肪等物质随水漂洗干净。

(3)原料的配料调味处理。将漂洗干净的鱼片从水槽中捞出,要沥水 15 分钟左右后称量,在容器内进行配料调味。按照预先按重量比例配好的调料(白砂糖 4%～6%、精制食盐 1.5%～2%、味精 1.5%～2.5%、黄酒或白酒 1%～2%、胡椒粉 0.1%、姜汁 0.5%)均匀地撒在鱼片上,手工拌匀,避免拌得过软熟使鱼肉碎裂,然后放入 20℃ 以下的渗透间静止浸渍 1～2 小时,使调味料及盐分被鱼肉内层吸收。待鱼片基本入味后方能取出上筛初烘。

(4)原料的摊片烘干处理。将调味浸渍后的鱼片逐片粘贴在无毒塑

料筛网上,并使形态尽量完整成片,鱼片背面向下,头尾相接,平整地摊在绷紧的尼龙网架上。网架摊满鱼片后,将筛网板一层层推进烘车,再送进热风烘房内进行第一次初烘。一般第一阶段 1～2 小时内先控制温度为 45℃～50℃,第二阶段为 50℃～60℃。初烘时间共需 8～10 小时,使烘出的鱼片含水分为 20％～22％。

(5)半成品鱼干的揭片处理。将烘干的马面鱼半成品从塑料网格上揭下来,放入清洁的干燥容器内,然后将袋口封扎好,防止受潮。肉厚未干的鱼片要进行第二次烘干。在操作中用力要适中,注意勿将鱼片撕裂,以免影响成品的形态。

(6)鱼片的回潮处理。为了便于烘烤鱼干,不使产品在最后烘烤时烤焦,先在半成品鱼干片上喷一些水,使鱼片吸潮到含水量达 24％～25％,这一工作可以用农用喷雾器完成。一般回潮时间为 1 小时左右,以鱼片表面无明显水渍为宜,高温季节,回潮时间相应缩短。

(7)鱼片的烧烤处理。将回潮的鱼片均匀摊放在烤炉的钢丝条上(一般鱼片背部向下),经过 240℃～250℃高温 3 分钟左右时间的烘烤。在烘烤过程中要注意烤炉的温度波动,经常检查成品的色泽,若发现烘焦或温度偏高要立即调整,反之成品带生味,还要采取适当调高温度和延长烘烤时间等措施来达到理想的效果。

(8)鱼片的轧松处理。经过烤炉高温烘烤后,生鱼片烤成了熟鱼片,同时鱼片经高温短时间烘烤后还起到了消毒灭菌的作用。由于鱼干片经二次烘烤后组织收缩变硬不便食用,必须经机器二次轧松。

(9)成品鱼片的质量标准。成品鱼片色泽应该呈金黄色,具有鱼干片经高温烘烤后应有的滋味及气味,口味鲜美,食时有纤维感,鱼干含盐量为 1.5％～2％。

(二)鲜香鱿鱼干的加工

鲜香鱿鱼干是以鱿鱼为原料制成的烘烤制品。鱿鱼肉嫩而皮薄,富含蛋白质及多种矿物质,对促进骨骼和牙齿的发育有着重要作用。

鲜香鱿鱼干的加工方法与技术要点如下:

(1)原料的选择和初加工处理。加工鱿鱼片的原料是鱿鱼。首先选择体长 10～15 厘米的新鲜鱿鱼或解冻原料,除去海鳔鞘、肉腕、内脏和皮,初步加工成鱿鱼片。经过漂洗沥水,摊在尼龙网晒盘上晒干或烘干贮藏备用。

(2)鱼片的复软处理。将体型大小、色泽一致的干鱼片 25 千克,先浸泡在清水中 45 分钟左右,待其复水回软后取出沥水。配制硼酸盐水,取硼酸 400 克、食盐 600 克,溶解于 40 升开水中。将沥过水的干鱼片倒入 90℃ 的硼酸盐水中浸泡 20～25 分钟,助发后投入温水中,洗除表面筋膜、污物,再入另外清洁温水中清洗,继续复水软化,全部洗好后一起捞出沥水。

(3)鱼片的调味熟化处理。调味液的配制:取桂皮粉 50 克、辣椒粉 50 克、山椒 100 克、花椒粉 75 克,加水 10 升,煮沸 30 分钟过滤,再用 20 升开水冲洗滤渣。两次滤液合并加入白糖 1 千克、精盐 0.75 千克、酱油或一级鱼露 5 升、糖精和柠檬酸各 25 克,过滤后就是鲜香鱿鱼的调味液。取香甜调味液 26 升,放入不锈钢锅煮沸,投入鱼片再煮 1 小时,改用小火焖炖 1～1.5 小时,并注意经常翻动,以免煮焦。然后,把鱼片和调味液倒进保温瓷桶中保温 60℃～70℃,等待进行下一道工序。

(4)熟鱼片的滚压撕条处理。从保温瓷桶中捞出熟鱼片,放在滚压机中压轧 2～3 次,使鱼片纤维组织松散,然后顺纤维方向撕成 0.4 厘米宽、2 厘米长的鱿鱼丝条。

(5)鱿鱼丝的拌料烘干处理。按照每千克称取香料粉 10 克、味精 35 克、白糖 30 克,混合均匀后拌在处理好的鱿鱼丝条中,再将它摊在烘盘上,移入红外线烘箱上烘至表面稍干即停止,让其回潮。再取白糖 30 克拌筛在丝条中,待烘至含水量 25％ 以下。冷却后每千克干品再拌香料粉 5 克,装入缸内密封罨蒸 1～2 天,使香料、水分扩散均匀。

(6)鱿鱼丝的杀菌包装。将罨蒸后的鱿鱼丝条,再用红外线烘干箱烘干一次,控制水分为 22％～24％,然后用紫外线灯杀菌 5～10 分钟。杀菌后的鱿鱼丝即为成品,按一定的包装规格和要求包装即可。

(三)机械化生产鱼丸

鱼丸亦名"水丸",是闽南、福州、广州一带经常烹制的传统食品和风味小吃。鱼丸因注重选料和制作工艺而闻名遐迩。鱼丸其色如瓷、富有弹性、脆而不腻,为宴席常见菜品。

机械化生产鱼丸的技术要点如下:

(1)解冻。按生产需要称取一定量的冷冻鱼糜,在 5℃~10℃的空调室中自然解冻至-3℃~0℃的半解冻状态。把处于半解冻状态的冷冻鱼糜切成小块,用绞肉机绞碎。

(2)擂溃。将解冻好的鱼糜放入擂溃机中,空擂 5~15 分钟,使冷冻鱼糜温度上升至 0℃以上,空擂结束时最好在 4℃左右。空擂后添加 2%~3%的食盐,盐擂 20~30 分钟,此时鱼肉逐渐变得黏稠,再加入味精、淀粉等辅助材料,继续擂溃 10~15 分钟,混合均匀。擂溃过程鱼糜温度应控制在 0℃~10℃,总擂溃时间为 30~50 分钟。

(3)成型。把擂溃好的鱼糜立即装到鱼丸成型机里,按产品要求调校成型机模具,使丸粒大小符合当地习惯和重量要求。从鱼丸成型机出来的鱼丸掉落至冷水盆中,收缩定型。

(4)加热。鱼丸的加热方式有两种,水煮加热与油炸加热。水发鱼丸的加热采用水煮,将收缩定型后的鱼丸从冷水盆中捞起,放入沸腾水锅中,加热至鱼丸全部漂起,表明煮熟,即捞出。油炸鱼丸采用油炸方式加热,油炸鱼丸的收缩定型不用冷水而用温度不高的油,操作方法是从鱼丸成型机出来的鱼丸直接掉落至油锅中,待鱼丸凝固定型后,再转入高温油锅中油炸。油炸时间一般为 1~2 分钟,待鱼丸表面坚实、内熟浮起、呈浅黄色时即可捞起,沥油片刻,然后冷包装。

(5)冷却。无论是水煮还是油炸的鱼丸都应立即冷却,使其吸收加热时失去的水分,防止干燥而发生皱皮和褐变等,使制品表面柔软光滑。冷却可采用风冷方式,对水发鱼丸更多的是采用水冷方式。

(6)包装。完全冷却后的鱼丸按有关质量要求剔除不合格品,通过人工或用自动包装机按要求进行包装。

(7)速冻和冷藏。目前,鱼丸产品大部分以冷冻小包装的形式流通销售。通常使用平板速冻机进行速冻,冻结温度为-35℃,时间为 3~4 小时,使鱼丸中心温度降至-15℃,并要求在-18℃以下低温贮藏和流通。不经速冻的鱼丸必须在 5℃以下低温保存,并在数日内销售完毕。

(四)海米的加工

海米又称大虾米,是以海产的白虾、红虾、青虾等加盐水焯后晒干、纳入袋中、扑打揉搓、风扬筛簸、去皮去杂而成。以白虾米为上品,色味俱佳。

海米的加工方法和技术要点如下：

(1)原料的选择和漂洗。选择质量较好的鲜虾原料,分选出一、二、三级品和等外品。在29℃以下的流水中洗涤原料,去除虾体上的污物和泥沙,但切忌猛力搅拌,以防虾体被搅烂、影响鲜度,洗涤时间不宜过长。

(2)原料虾的蒸煮处理。经过用流动水漂洗后的原料虾沥水后,应该马上进行蒸煮处理。一般的加工方法都采用水煮法,在水煮时加适量食盐进行水煮。用盐量根据季节的不同稍有变化。蒸煮水量与原料的比例为4:1左右,水煮的时间一般为8~10分钟。

(3)原料虾的出晒处理。煮熟的原料虾要立刻出锅沥水,薄摊在草板场或干净的水泥地面上。要求摊晒要均匀,适时地进行翻动,使原料干度相差不多,晒至虾体发硬、虾头干透、皮壳易脱落即可。

(4)原料虾的脱壳处理。在对原料虾进行脱壳处理前,要首先检查出晒完毕的虾体是否返潮。若有返潮情况则要于水泥地上再晒3~4小时或更长一段时间,然后再人工脱壳或用海米脱壳机进行脱壳。

(5)成品分级包装。经过脱壳后的虾体就成了虾米或叫海米,处理干净海米后要筛选出等级,并称重包装。成品分级包装好后要贮藏于通风、干燥的仓库中等待销售。

(五)虾皮的加工

虾皮是海产小毛虾经过煮熟、晒干等工序加工而成的一种食品。虾皮便宜、实惠、味道鲜美,营养价值很高,可用于各种菜肴及汤类的增鲜提味。虾皮有生干品和熟干品两种,以熟干品为主。

虾皮的加工方法与技术要点如下：

(1)选料。选择质量好的原料,并根据其鲜度的好坏进行分级,同时去除杂鱼、小蟹,分别加工,避免好坏原料混在一起而降低加工成品的质量。

(2)水洗。对于鲜度好、纯净、无泥沙杂质的原料可不经水洗就进行炊煮,但中、下等原料则一定要清洗,而且水洗时要做到细心操作,避免大力搅拌,确保虾体完整。水洗采用的方法有两种:一种是筐洗;另一种是筛洗。

(3)炊煮。在盛有七成淡水的蒸煮锅内加为毛虾重量5%~6%的

盐,将水烧沸后,把毛虾置入锅中煮 2 分钟左右,待其熟后即捞出沥水。

(4)干燥。煮熟的毛虾沥水散热 10 小时左右,当虾体比较坚韧时,即将其撒于干净的地板或竹席上晾晒;晒至四成干时,要用竹耙或扫帚轻轻翻动,使原料干燥均匀;晒至九成干时即可。

(5)分级、包装。根据虾皮的质量进行分级、过筛除去虾糠、杂质,然后称重、包装。包装袋要求具有防潮、耐压之功能。

(六)蚝油的加工

蚝油是用牡蛎与盐水熬成的调味料,有"海底牛奶"之称。它可以用来提鲜,也可以凉拌、炒菜,我国及菲律宾等国家常用。

蚝油的加工方法和技术要点如下:

(1)开蚝。将生长成熟的蚝从海中捞起,立即运回,用丁字形铁质蚝钩的一端将蚝凿一孔,再用蚝钩的另一端打蚝壳,取出蚝肉投入木桶中。

(2)煮蚝。每 50 千克蚝肉加 60 升左右淡水进行煮制。水沸后投入生蚝,用铲搅拌,以免粘连锅底烧焦,并促使蚝肉胶质的溶出。20～30 分钟后,用竹箕将蚝捞起,略加震动使蚝身的泥沙下沉,然后倒入箩中沥水。将锅内蚝壳及杂物捞净,取出部分蚝汤,再加入淡水进行第二锅煮制。热蚝取出后经沥水、冷却、加盐、干燥等过程制得蚝干。

(3)澄清过滤。将煮蚝油时未加盐的蚝汤中加些淡水,澄清下层泥沙蛎壳等杂质,用筛过滤后浓缩。

(4)浓缩。将过滤后的蚝汤倒入锅中,加热浓缩约 10 小时,温度保持在 95℃～102℃,待沸腾起的花纹达到一定浓度时停火。停火后在锅中停留 2～3 小时即成半成品原汁蚝油。

(5)调味。将铁锅加热,抹一层花生油,然后加入红糖加热溶化,温度控制在 100℃ 以下,至糖脱水,待糖液呈现金黄色后,加入水和原汁蚝油。再加热到 90℃ 以上,使颜色转变成红褐色。再加入一定比例的淀粉及食用羧甲基纤维素作为增稠剂,使液体具有浓稠的外观。另外,添加少量味精及肌苷酸作为增鲜剂。

(6)装瓶。将坛内蚝油加入一定的防腐剂即可装瓶。产品需加盖密封,可保存 1 年以上。

(七)紫菜饼的加工

紫菜是一种常见的海生植物。性味甘咸寒,具有化痰软坚、清热利水、补肾养心的功效。将紫菜加工成像纸一样薄的片状干制品统称为紫菜饼或饼菜。

紫菜饼的加工方法和技术要点如下:

(1)洗菜、切菜。刚收上来的紫菜,要拣去贝壳、杂质、绿藻等附着物,先用海水冲洗,再用淡水充分洗净。然后用专用紫菜切菜机切碎后再加工制饼。一般把紫菜切成 0.5~1 平方厘米大小的菜片为宜。

(2)制饼。将细竹帘放入盛有淡水的桶内,用直径 20 厘米的铁环置于帘上,拿住帘子使环内保持一定水量,然后加入适量切碎的紫菜调和成糊状。用双手抖动菜帘,使菜体分布均匀。如此每帘可制 3 张菜饼,把竹帘平稳拿起,滤去水分,便可运往晒场晒干。

(3)包装。菜饼干燥后(含水量要求在 6%~10%),即可进行包装。外销产品小包装每 10 张菜饼为 1 包,竖折后封装在不透气的塑料袋内;大包装每 100 张菜饼为 1 包,封装在大号塑料袋内。内销产品按重量计算。

(八)调味海带丝的加工

海带营养价值很高,多食海带能防治甲状腺肿大,还能预防动脉硬化、降低胆固醇与脂的积聚等。调味海带丝是参照日本海带加工方法,结合我国食品加工的特点研制的一种新型海藻食品。

调味海带丝的加工方法与技术要点如下:

(1)原料处理。选择藻体肥厚、成熟度适宜的淡干海带,去掉根部、黄白边及腐烂斑疤和有孔洞的部位,同时去除附着于海带表面的草棍、泥沙及其他杂质。将整捆的海带装入塑料筐内浸入 2% 浓度的醋酸水中 15~20 秒钟,然后放置 6~8 小时,让醋酸水慢慢渗入海带内,使海带软化,同时可以除掉海带固有的腥味。

(2)切丝。用蔬菜切丝机将海带切成 2~3 毫米宽、8~10 厘米长的丝。一般采用横切法,也可以采用先切 8~10 厘米长的段再切成丝的竖切法。

(3)清洗。将切好的海带丝装入不锈钢细眼筛筐中,浸入底部有垫

架的塑料大桶内,在搅拌中水洗 5 分钟,以除去表面的黏液及剩余的泥沙,洗完后充分沥水备用。

(4)调味。不同产品有不同的要求和特点,下面介绍两种口味的配方。

香辣风味配方:原料海带 1 千克、白砂糖 216 克、香油 58.3 千克、食盐 233 克、味精 150 克、辣椒面 150 克。

美味风味配方:海带 40 千克、酱油 15 千克、山梨醇 20 千克、料酒 6 千克、味精 2 千克、辣椒 200 克、肌甙酸钠 30 克、鲣鱼精 200 克、甘氨酸 1 千克、水 10 千克。

将水洗后的海带丝用配制好的调味料浸渍,在 5℃~10℃的条件下浸渍过夜。

(5)加热蒸煮。将浸泡好的海带捞出沥水,装入蒸笼加热 20 分钟移出冷却。

(6)干燥包装。将冷却后的海带丝进行干燥处理。干燥方法有人工和自然干燥两种,在生产中多采用人工干燥法。将海带均匀地铺在网片上摆上烘车送入烘道,在 50℃~70℃的温度下,干燥至水分含 20%~22%即可计量包装。